日本野鳥の会
Wild Bird Society of Japan

原色 非 実用

富士鷹なすび・著

野鳥おもしろ図鑑

はじめに

　四年かけてコツコツと描きためてきた鳥のイラストが、やっと一冊の本になり、とても嬉しいです。『野鳥図鑑』といっても見てのとおり非常にあやしく、実物とはかなりかけ離れた不真面目なイラストになってますが、こんなバカバカしい『野鳥図鑑』があってもいいんじゃないかと描いてみました。『ここが本物とは違うぞ!!』と指摘されたらキリがありません。ちゃんとした図鑑が世間には数多く出てますので、そちらをご覧下さい。この図鑑は私自身が一番楽しんで、自由に描いた落書きみたいなものです。何の役にも立たない図鑑ですが、クスッと笑えたり、『ナンジャこれ～?』と驚いたりしてもらえたら私の思いが伝わった証拠です。全く鳥のことを知らない方でも『こんな鳥本当にいるの?』と、鳥に興味を持っていただければ、幸いです。そして実際に外に出てホンモノの鳥たちを探してみて下さい。思った以上に色んな鳥がいることに驚くでしょう。そしてこの図鑑に載っているヘンな鳥も見つけることができるかもしれません。最後に私の落書きにされた鳥たちに、ご迷惑をおかけしたことをお詫びいたします。

2009年10月　富士鷹なすび

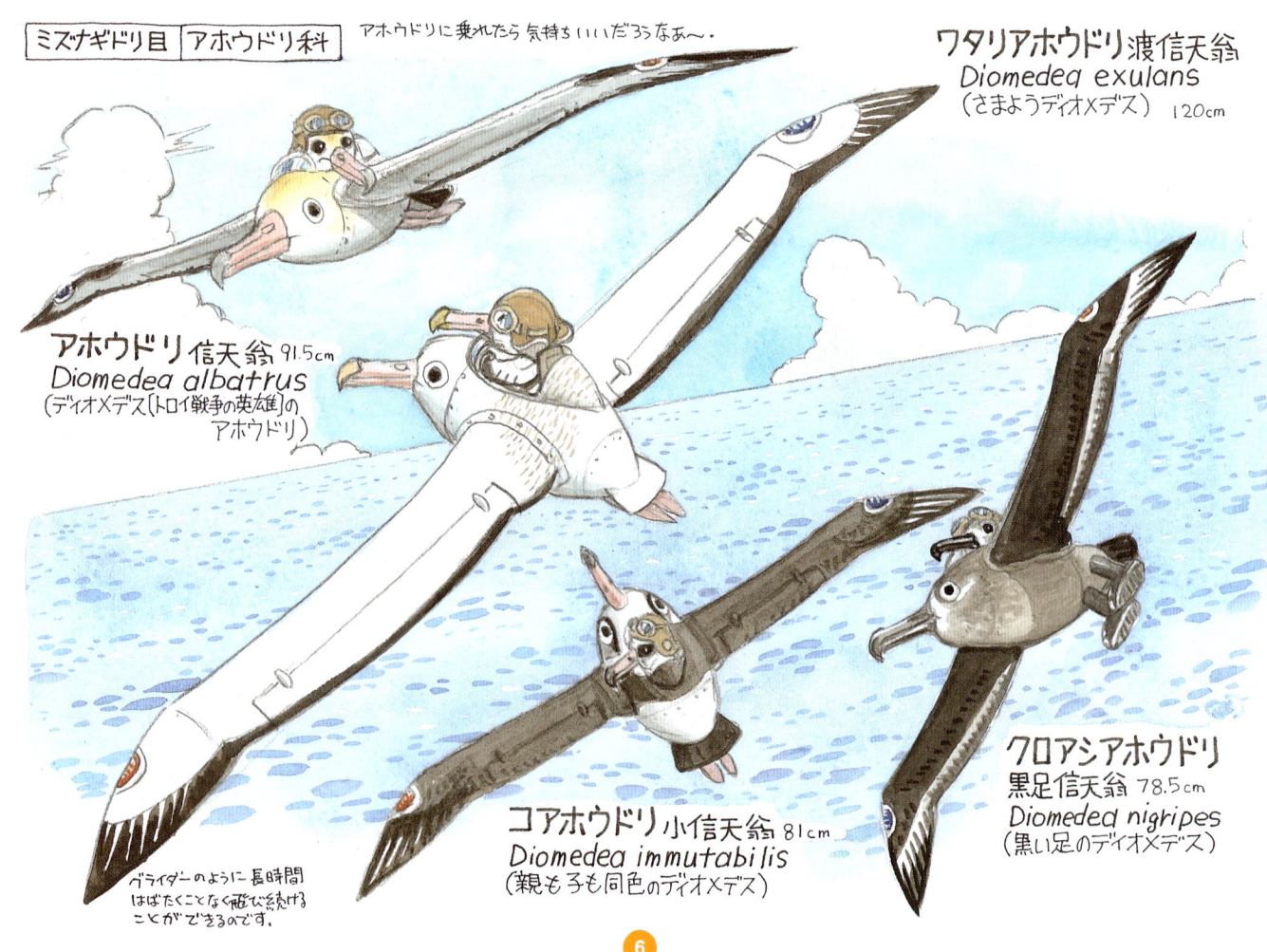

ハワイシロハラミズナギドリ
ハワイ白腹水凪(薙)鳥 43cm
Pterodroma phaeopygia

シロハラミズナギドリ
白腹水凪(薙)鳥 30cm
Pterodroma hypoleuca
（白いお腹した翼で走るヤツ）

ハグロシロハラミズナギドリ
羽黒白腹水凪(薙)鳥 29cm
Pterodroma nigripennis
（黒い羽の翼で走るヤツ）

ヒメシロハラミズナギドリ
姫白腹水凪(薙)鳥 28.5cm
Pterodroma longirostris
（長いクチバシの翼で走るヤツ）

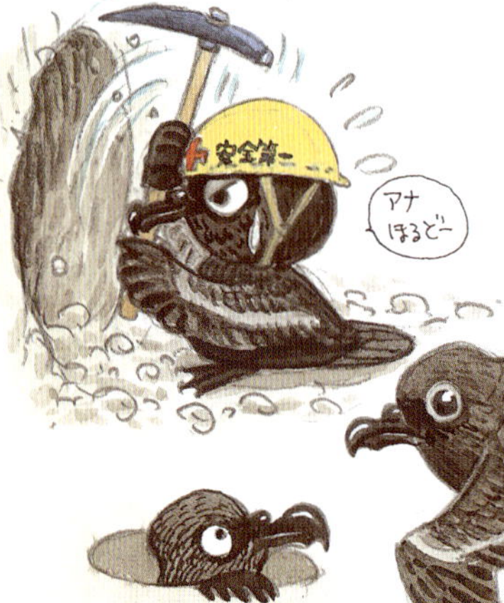

アナドリ 穴鳥 27cm
Bulweria bulwerii
（イギリスの牧師 J.Bulwerさんが発見したのだ）

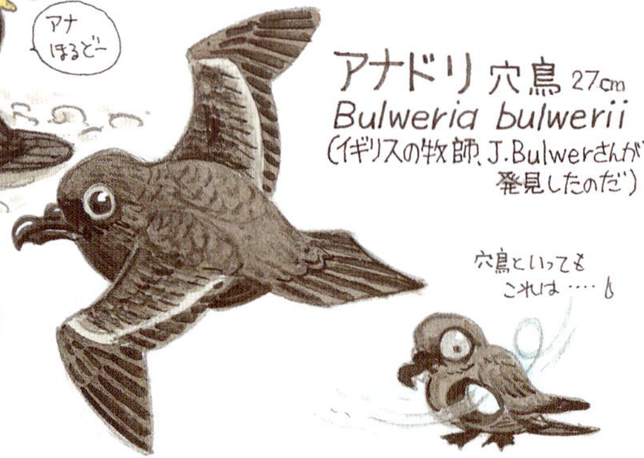

↑冬羽

ツクシガモ
筑紫鴨 62.5cm
Tadorna tadorna
（ツクシガモ）

↑夏羽

♀

カンムリツクシガモ
冠筑紫鴨 64cm
Tadorna cristata
（冠羽のあるツクシガモ）

♂

♀

絶滅したと
考えられている

オシドリ
鴛鴦 45cm
Aix galericulata
（小さな帽子をかぶった
　水かきのある鳥）

木の穴に巣をつくる

ぐるるっ…

♀

ドングリ
大好き♡

↑♂エクリプス

イチョウヨ♪

ウミアイサ
海秋沙 55cm
Mergus serrator
(ノコギリのような嘴の潜水する鳥)

どっかーん

コウライアイサ
高麗秋沙 57cm
Mergus squamatus
(ウロコのある潜水する鳥)

ぶわーっ

ネタが同じだ

男はびしっと決めなきゃ

びしっ

カワアイサ 川秋沙 65cm
Mergus merganser
(潜水するガン)

巣は草むらや樹洞につくるヨ

タカ目 | タカ科

ミサゴ
鶚 ♂58cm ♀60cm
Pandion haliaetus
(アテネ王Pandiōnの海ワシ)

空飛ぶ漁師なのだ
急降下して魚をつかまえる
水中の魚をねらうので『水探』

ハチクマ ♂57cm ♀61cm
八角鷹(蜂角鷹)
Pernis apivorus
(ハチを食べるタカ)

ハチが大好物
ハチクマの羽の色や模様は個体変異がとても多い。

カタグロトビ
肩黒鳶 31~35cm
Elanus caeruleus

迷鳥

トビ 鳶 ♂59cm ♀69cm
Milvus migrans
(渡りをするトビ)

空高く飛ぶので『とびぶ』
人の食べ物を盗むので注意
お弁当...

36

オジロワシ 尾白鷲 ♂84cm ♀94cm
Haliaeetus albicilla
(白い尾の海ワシ)
ボクの尾 白くな〜〜い
ムスコよ まだまだ 白まわしは 早すぎる
若鳥
白まわしは 関取に なったら‥‥
成鳥は ヨコじま
♂
幼鳥は タテじま
狭山湖のオオタカは カラスを襲うのだ.
♀
オオタカ
蒼鷹 ♂50cm ♀57cm
Accipiter gentilis
(高貴なタカ)
立派な嘴
デカ
大きさの表現で タタミが空を飛んでるよーだ‥‥と 言われる
ツミ
同じタカ科の仲間 なのにこんなに大きさが ちがう‥‥
う
ポロ
嘴が小さかったら‥‥ ヤダな.
オオワシ 大鷲 ♂88cm ♀102cm 別名エゾワシ
Haliaeetus pelagicus
(外洋の海ワシ)

アカハラダカ
赤腹鷹 ♂30cm ♀33cm
Accipiter soloensis
(ソロ(ジャワ中央部)産のタカ)
赤腹といってもそんなに赤くない
♀
♂
怪しい郵便ポストだな〜
全々赤くな〜い
幼鳥
ツミの巣の近くにはなぜかいつもオナガの姿が…
ギャ
ツミ 雀鷹
「スズメダカ」がちぢまり…「ツミ」
Accipiter gularis
(ノドに特徴のあるタカ)…よく鳴くという意味か?
日本産タカ類では最小
♂27cm
♀30cm
幼鳥
目の色が青灰色でキレイ
♀
♂
小さくてもタカ
昔はメスが「つみ」オスは「えっさい」と呼ばれてた。
大きさがかなりちがうオスとメス
♂
♀
幼鳥
昔はメスが「はいたか」オスは「このり」と呼ばれてた。
♂32cm
♀39cm
ハイタカ
鷂(灰鷹)
Accipiter nisus
(古代ギリシャの王Nisosのタカ)
まん中の指が長い
黒い腹巻が目立つ
あったかそうなレッグウォーマー(?)
(羽毛がはえてる)
ケアシノスリ
毛脚鵟 ♂56cm ♀59cm
Buteo lagopus
(ウサギの足をもつノスリ)

デカ

オオノスリ
大鷲 ♂61cm ♀72cm
Buteo hemilasius
(足の半分が毛深いノスリ)

ホバリング可
扇のような尾羽
ダルマみたいな姿

ノスリ 鵟 ♂52cm ♀57cm
Buteo buteo
(ノスリ)

『狂鳥』どーしてこんな漢字なんだろ？

野の上を滑翔するのでのすり(野擦り)別名「くそとび」

幼鳥
タカ柱…ん？
渡りの時期は大群で飛ぶ

暗色型(あかさしば)

サシバ
鵟鳩(差羽) ♂47cm ♀51cm
Butastur indicus
(インドのタカ)
(あかさしば)

冠羽と目のまわりの暗褐色紋が追力
幅の広い翼

クマタカ ♂72cm ♀80cm
角鷹(熊鷹)
Spizaetus nipalensis
(ネパールのタカ)

カラフトワシ
樺太鷲 ♂68cm ♀70cm
Aquila clanga
(騒々しいワシ)

迷鳥

カタシロワシ
幼鳥 ♂78cm ♀83cm
Aquila heliaca
(太陽のワシ)

ペタッ

いつもお疲れさま

ソウゲンワシ
草原鷲 ♂60〜71cm ♀70〜81cm
Aquila nipalensis
(ネパールのワシ)

幼鳥 カゴぬけか？ 迷鳥

オオワシに比べ小さく、少し劣ったワシという意味でイヌワシ

幼鳥

イヌワシ 狗鷲 ♂81cm ♀89cm
Aquila chrysaetos
(金色のワシ)

ちょーデカイ

カラス

クロハゲワシ
黒禿鷲 102〜112cm
Aegypius monachus
(修道僧のハゲワシ)

誰にだってなやみが…

カンムリワシ
冠鷲 55cm
Spilornis cheela
(斑点のある鳥)
冠は
おりたたみ
可
幼鳥
ハイイロチュウヒ
灰色沢鵟 ♂45cm ♀51cm
Circus cyaneus
(青いタカ)
黒い手袋
白い腰
♀
♂
長い脚
まだら〜
♀
♂
♂43cm ♀46cm
マダラチュウヒ 斑沢鵟
Circus melanoleucos
(黒と白のタカ)
チュウヒの仲間は
V字型で
滑翔
V
ヨーロッパチュウヒ
ヨーロッパ沢鵟 ♂52cm ♀56cm
Circus aeruginosus
(緑青色のタカ)
幼鳥
迷鳥
色のタイプ
さまざま
♂
♀
♂
チュウヒ
沢鵟
Circus spilonotus
♂48cm ♀58cm
低く飛ぶので
中飛(ちゅうひ)
の説あり.
「こしじろだか」の別名も…
幼鳥

| タカ目 | ハヤブサ科 |

シロハヤブサ
白隼 ♂52cm ♀59cm
Falco rusticolus
（田舎にすむハヤブサ）

「北にすむイナカ者のハヤブサどす」

淡色型

「ワタシ暗色型」

中間型

ちょっと太めの体形
色もいろいろ

ハヤブサ 隼 ♂41cm ♀49cm
Falco peregrinus
（よそ者のハヤブサ）

顔の模様がハクリョク

成鳥は横じま

幼鳥

急降下して獲物を捕らえる

ハヤブサ

翼をたたみ急降下、これがまたカッコイイのだ

チゴハヤブサ

ハヤブサよりとがってみえる翼

チゴハヤブサ
稚児隼 34〜35cm
Falco subbuteo
（ハヤブサによく似たハヤブサ）

長目の翼 →

赤茶色のズボン

幼鳥は赤茶色のズボンをはいてない

ハラヘラ

42

コチョウゲンボウ
小長元坊 ♂29cm ♀33cm
Falco columbarius
(ハトくらいのハヤブサ)
♀
♂
淡いオレンジ色の服
迷鳥
♂
黒い体がカッコイイ♡
♀
↖赤い長グツ
アカアシチョウゲンボウ
赤脚長元坊 29cm
Falco amurensis
♀ チョウゲンボウの♀にソックリ
♂
パタ
パタ
♂
♀
ホバリング(停空飛翔)をよくやる
ヒメチョウゲンボウ
姫長元坊 ♂28cm ♀31cm
Falco naumanni
ツメは白いヨ
迷鳥
チョウゲンボウ 長元坊
Falco tinnunculus
(鋭い鳴声のハヤブサ) ♂33cm ♀39cm

| キジ目 | ライチョウ科 |

ライチョウ 雷鳥 37cm
Lagopus mutus
(低い声で鳴くウサギのような足をもつヤツ)

エゾライチョウ
蝦夷雷鳥 36cm
Tetrastes bonasia
(野牛の声みたいに鳴くライチョウ)

ダンナ様はりっぱなおヒゲ!!

あら、奥様にも少し…♀

あつい あつい

夏着

♂ ♀

冬着

繁殖期の肉冠はデカイ!!

保護色 冬

| キジ目 | キジ科 |

ウズラ 鶉 20cm
Coturnix japonica
(日本のウズラ)

こんな体形でもとべるゾ

♂ ♀

4のろが…

コジュケイ 小綬鶏 27cm
Bambusicola thoracica
(竹林にすむ 胸に特徴のある鳥)
ちょっと こーい
ちょっと こーい
大きな声で ボクを呼ぶ
ジロジロ
←亜種 タイワンコジュケイ
ヤブの中、集団で いることが多い
日本の国鳥 なのだ
♂
♀
メスは地味
キジ 雉 ♂80cm ♀60cm
Phasianus colchicus
(コルキス地方のキジ)
繁殖期に なると顔の 赤い部分が 大きくなる
ケーン ケーン
ドドド
♂125cm ♀55cm
0 5 10 15 20 25 30 35 40 45
短
♀
♂
こんな体形 でも飛べるゾ
パタパタ
ヤマドリ 山鳥
Syrmaticus soemmerringii
(ドイツの解剖学者Sömmerringさんにちなんだ (尾を)ひきずるもの)
亜種 コウライキジ 北海道と対馬にすむ。 キジとは別種とする 見解もある

ツル目 ミフウズラ科

ミフウズラ 三斑鶉
Turnix suscitator
(目をさまさせる様な声のウズラ)
14cm

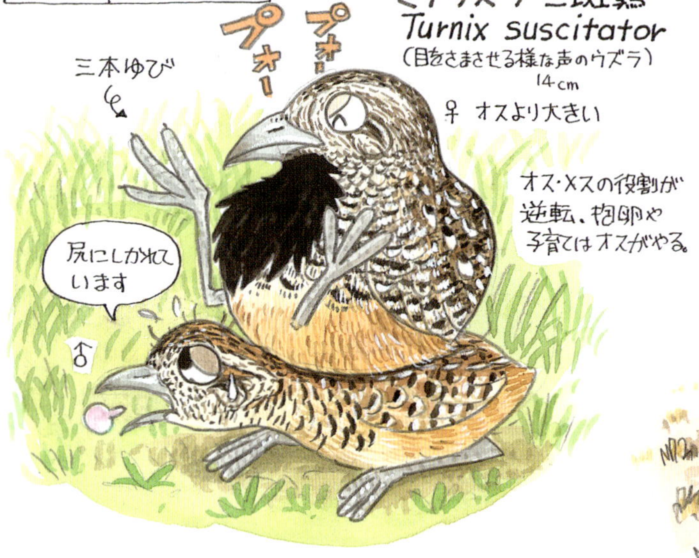

ツル目 ツル科

クロヅル 黒鶴 114cm
Grus grus (ツル)

タンチョウ 丹頂 140cm
Grus japonensis
(日本のツル)

ナベヅル 鍋鶴 96.5cm
Grus monacha
(修道尼のようなツル)
フライパンヅル…ん?
幼鳥
ナベヅルとクロヅルの雑種
カナダヅル
カナダ鶴 95cm
Grus canadensis
(カナダ産のツル)
マナヅル 真鶴
Grus vipio 127cm
(小さなツル)
グルル
全身は白く見えるが…
…翼を広げると黒い!
ソデグロヅル
袖黒鶴 135cm
Grus leucogeranus
(白いツル)
迷鳥
幼鳥
アネハヅル
姉羽鶴
Anthropoides virgo
(乙女のような鳥)
90cm
迷鳥
ヒマラヤ山脈を越えて渡りをするスゴイやつ
よいしょっ
幼鳥
ヒマラヤ
幼鳥

ツル目 クイナ科

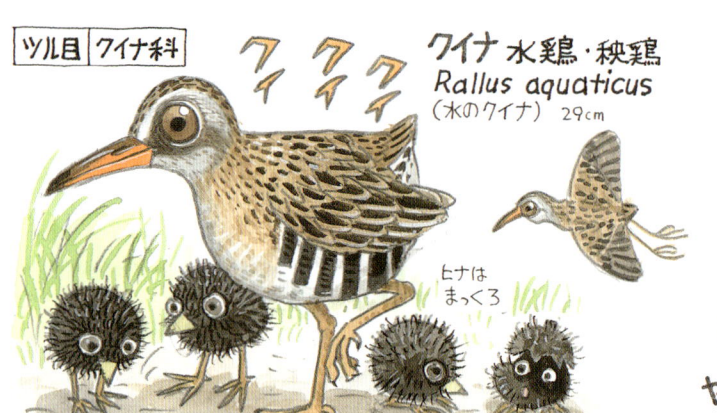

クイクイクイ

クイナ 水鶏・秧鶏
Rallus aquaticus
(水のクイナ) 29cm

ヒナはまっくろ

どーも新前の鳥でーす

長距離は飛べない

ヤンバルクイナ 山原秧鶏 30cm
Gallirallus okinawae
(沖縄のクイナ)

1981年に発見された新種

1981年製造

オオクイナ 大秧鶏 26cm
Rallina eurizonoides
(広い帯をしたクイナ)

クイナより小さいのにどーして大クイナ?

幼鳥

迷鳥

コウライクイナ 高麗秧鶏 22cm
Porzana paykullii

48

ヒメクイナ 姫秧鶏
Porzana pusilla 19.5cm
(とっても小さいヒメクイナ)

虫めがねで見るほど小さくはない。

ヒクイナ 緋秧鶏 22.5cm
Porzana fusca
(暗色のヒメクイナ)

顔とおなかと足がまっ赤か。
熱そ〜

めらめら

ヒナ

大丈夫？
おかーさん？

シマクイナ 縞秧鶏 13cm
Coturnicops noveboracensis

しま

日本では絶滅したらしい

マミジロクイナ 眉白秧鶏 20cm
Poliolimnas cinereus
(灰色の沼にいる灰色の鳥)

シロハラクイナ 白腹秧鶏
Amaurornis phoenicurus
(赤紫色の尾をした暗い所にいる鳥)
32.5cm

49

バン 鷭 32.5cm
Gallinula chloropus
(緑色の足をした 小さなメンドリ)

← 赤いおデコ(額板)が目立つ

夏羽

冬羽では額板が小さくなる → 冬羽

ハゲ頭

ヒナ

長い指した黄緑色の足がブキミ〜

幼鳥

首を前後にふって泳ぐ

夏羽

冬羽

ツルクイナ 鶴秧鶏 36〜43cm
Gallicrex cinerea
(灰色のニワトリ)

幼鳥

オオバン 大鷭
Fulica atra
(黒いスス色の鳥) 39cm

指にはヒレがある

| ツル目 | ノガン科 |

迷鳥

ノガン 野雁 ♂100cm ♀75cm
Otis tarda
（ノガン）

野雁といっても雁の仲間ではない

立派な白いヒゲ

丈夫そうな足

ヒメノガン 姫野雁
Tetrax tetrax
（ライチョウのような鳥）
50cm

九州で1羽だけ記録のある迷鳥

セーラー服みたいなエリ

| チドリ目 | レンカク科 |

長～い尾
黄金色のえりあし
冬羽

レンカク 蓮角 55cm
Hydrophasianus chirurgus
（メス〈襲角の棘〉を持つ水辺のキジ）

夏羽

長———い指だな～

| チドリ目 | タマシギ科 |

しっかり卵あたためて!!

ピーン

メスの方が派手な羽色でなわばり争いもする。オスは抱卵、子育て担当
オス・メス逆転なのである

タマシギ 玉鷸 23.5cm
Rostratula benghalensis
（ベンガル産のクチバシの先が曲ったヤツ）

なんかウチの家庭に似てるなぁ～

| チドリ目 | ミヤコドリ科 |

ミヤコドリ
都鳥 45cm
Haematopus ostralegus
(カキを襲める血のような赤い足をしたヤツ)

赤くて立派なクチバシ

カキ大好物 ♥

昔『みやこどり』と呼ばれてたユリカモメ

英名 Oyster catcher
(カキ捕り名人(鳥?))

コチドリ 小千鳥 16cm
Charadrius dubius
(疑わしいチドリ)

黄色のメガネ

ヒナ

ピョコピョコ

| チドリ目 | チドリ科 |

夏羽

ハジロコチドリ
羽白小千鳥
Charadrius hiaticula
(峡谷のチドリ) 19cm

冬羽ではクチバシは黒くなる

イカルチドリ
桑鳰千鳥 20.5cm
Charadrius placidus
(静かなチドリ)

こいつイカル

52

シロチドリ 白千鳥 17.5cm
Charadrius alexandrinus
（アレキサンドリアのチドリ）

メダイチドリ
目大千鳥 19.5cm
Charadrius mongolus
（モンゴルのチドリ）

オオメダイチドリ
大目大千鳥 21.5cm
Charadrius leschenaultii
（フランス博物学者 J.B. Leschenaultさんにちなんだチドリ）

オオチドリ
大千鳥 22.5cm
Charadrius asiaticus
（アジアのチドリ）

成鳥夏羽　迷鳥　幼鳥

コバシチドリ
小嘴千鳥 21cm
Eudromias morinellus
(バカでよく走るヤツ)

三日月が胸に…

白い眉は後でつながってる

日本にやって来るのはほとんど幼鳥

夏羽　冬羽

腹も黒いけどハラグロとは呼ばない
24cm

ムナグロ 胸黒
Pluvialis fulva
(かっ色の雨に関係ある鳥)

夏羽　冬羽

迷鳥として埼玉県で記録がある

アメリカムナグロ
アメリカ胸黒 25cm
Pluvialis dominica
(ドミニカの雨に関係ある鳥)

冬羽　夏羽

ダイゼン
大膳 29.5cm
Pluvialis squatarola
(ダイゼンという雨に関係ある鳥)

54

ケリッ
本当は
ケリッケリッと
鳴くので
『ケリ』という
NAS
ケリ 鳧 35.5cm
Vanellus cinereus
(灰色のタゲリ)
なんといっても
この長〜い
髪(冠羽)
がいいね〜
美しく光る背中と
翼
ピカピカ
ひらひら
ネコのように
『ミューミュー』と
鳴くので
ねこどり の名もある
タゲリ 田鳧 31.5cm
Vanellus vanellus
(タゲリ)
キョウジョシギ
京女鷸 22cm
Arenaria interpres
(危険を知らせる砂の鳥)
チドリ目 シギ科
英名
Turnstone
(石をひっくり
返す鳥)
エッ
♂夏羽
♀夏羽
ヒメハマシギ 姫浜鷸
Calidris mauri 16cm
(植物学者Mauriさんにちなんだ
ツルハシのような クチバシの鳥)
夏羽
小さな水かきが
あるヨ
冬羽

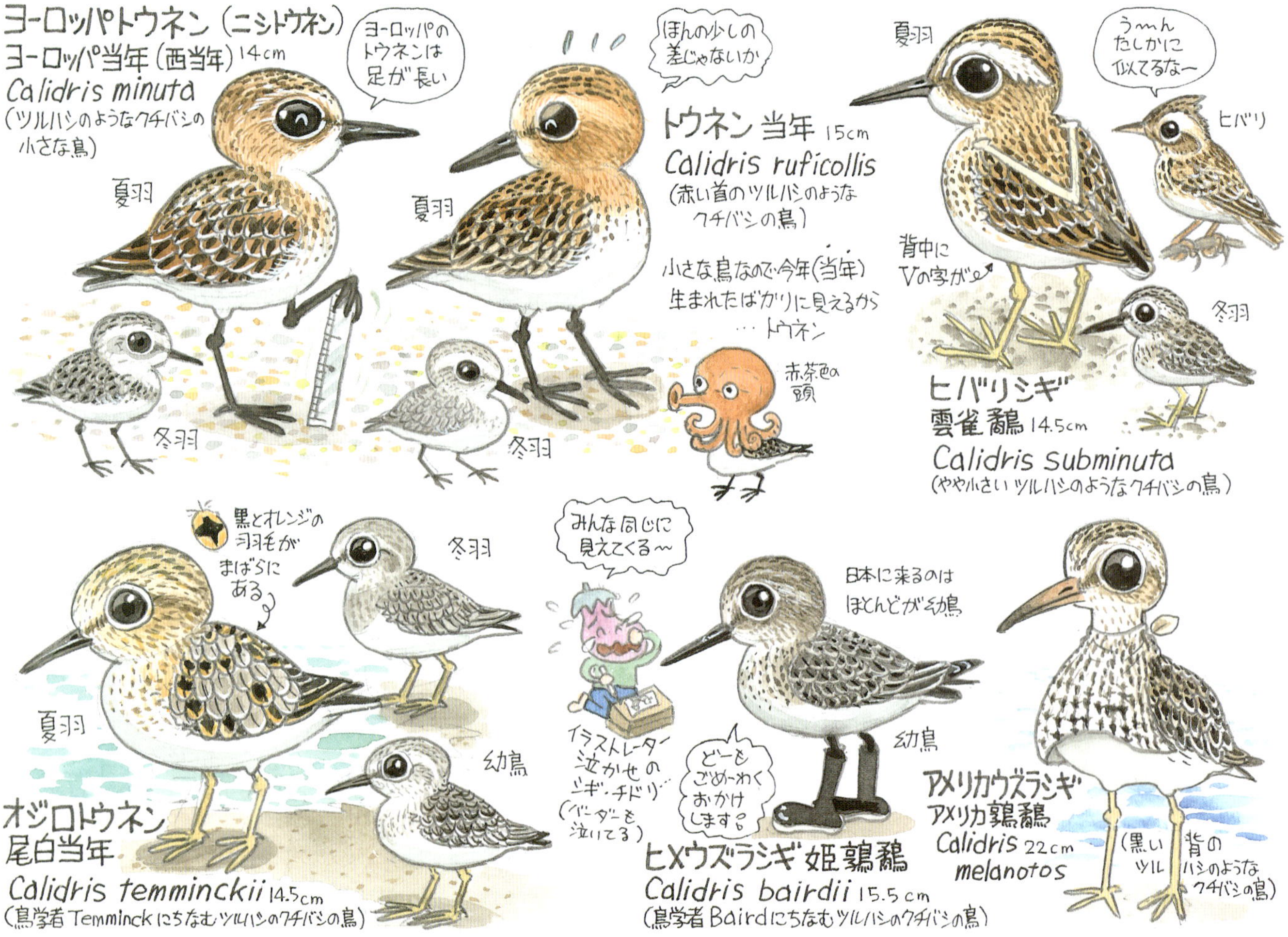
ヨーロッパトウネン（ニシトウネン）
ヨーロッパ当年（西当年）14cm
Calidris minuta
（ツルハシのようなクチバシの小さな鳥）
ヨーロッパのトウネンは足が長い
夏羽
冬羽
ほんの少しの差じゃないか
夏羽
冬羽
トウネン 当年 15cm
Calidris ruficollis
（赤い首のツルハシのようなクチバシの鳥）
小さな鳥なので今年（当年）生まれたばかりに見えるから…トウネン
赤茶色の頭
夏羽
うーん たしかに 似てるなー
ヒバリ
背中にVの字が
冬羽
ヒバリシギ
雲雀鷸 14.5cm
Calidris subminuta
（やや小さいツルハシのようなクチバシの鳥）
黒とオレンジの羽もまばらにある
冬羽
夏羽
幼鳥
オジロトウネン
尾白当年
Calidris temminckii 14.5cm
（鳥学者Temminckにちなむツルハシのクチバシの鳥）
みんな同じに見えてくる〜
イラストレーター泣かせのシギ・チドリ…
（バーダーも泣いてる）
どーもごめーわくおかけします。
日本に来るのはほとんどが幼鳥
幼鳥
ヒメウズラシギ 姫鶉鷸
Calidris bairdii 15.5cm
（鳥学者Bairdにちなむツルハシのクチバシの鳥）
アメリカウズラシギ
アメリカ鶉鷸
Calidris melanotos 22cm
（黒い背のツルハシのようなクチバシの鳥）

ウズラシギ 鶉鷸 21.5cm
Calidris acuminata
(とがった尾とツルハシのようなクチバシの鳥)
夏羽
ウズラ
幼鳥
ハマシギ 浜鷸
Calidris alpina 21cm
(高山のツルハシのようなクチバシの鳥)
大群をつくる
幼鳥
冬羽
夏羽
夏羽
冬羽
チシマシギ
千島鷸 21cm
Calidris ptilocnemis
(スネに羽の生えたツルハシのようなクチバシの鳥)

冬羽

ん？

幼鳥

オバシギ 姥鷸 28.5cm
Calidris tenuirostris
（細いツルハシのようなクチバシの鳥）

夏羽

幼鳥

夏羽

サルハマシギ
猿浜鷸 21.5cm
Calidris ferruginea
（鉄サビ色の体をしたツルハシのようなクチバシの鳥）

夏羽

24.5cm
コオバシギ 小姥鷸
Calidris canutus
（英国王Canuteにちなんだツルハシのようなクチバシの鳥）

冬羽

夏羽

夏羽

ミユビシギ 三趾鷸
Crocethia alba 20cm
（白い体をした砂浜の上を走るもの）

冬羽

迷鳥

アシナガシギ
脚長鷸 22cm
Micropalama himantopus
（ヒモ状の足をした少しヒレ足のある鳥）

ヘラシギ 箆鷸 15cm
Eurynorhynchus pygmeus
（広がったクチバシの小さな鳥）

夏羽　こんな形のクチバシ
なかなか便利なのだよ
冬羽

エリマキシギ 襟巻鷸 ♂32cm ♀25cm
Philomachus pugnax（好戦的な鳥）

日本で立派なエリマキを見ることはまれ
いろんなエリマキがある
♀夏羽　♂夏羽　♂冬羽

コモンシギ 小紋鷸 20cm
Tryngites subruficollis
（赤味がかった首のクサシギに似た鳥）

このへんが小紋　迷鳥

キリアイ 錐合 17cm
Limicola falcinellus
（小さな鎌を持った泥にすむもの）

オラ大工さんになろうかな
夏羽　先が少し曲がってる　冬羽

似た者3種　どれも数は少ない

アメリカオオハシシギ　迷鳥
アメリカ大嘴鷸　28cm
Limnodromus griseus
（灰白色の沼を走るもの）

オオハシシギ
大嘴鷸　29cm
Limnodromus scolopaceus
（ヤマシギのような形の沼を走るもの）

シベリアオオハシシギ
シベリア大嘴鷸　33cm
Limnodromus semipalmatus
（小さな水かきのある沼を走るもの）

アカアシシギ 赤脚鷸
Tringa totanus (totanoという名のクサシギの仲間)
27.5cm

細く長いクチバシ
夏羽
まっ黒ケの丸焼き?
32.5cm
ツルシギ 鶴鷸
Tringa erythropus
（赤い足をしたクサシギの仲間）

冬羽

ペタペタ

RED

夏羽

冬羽

翼の白いのが目立つ

あらよっと
細いクチバシ
夏羽
とても長い足
コアオアシシギ
小青脚鷸 24.5cm
Tringa stagnatilis
（沼地のクサシギの仲間）

冬羽

少し上に反ったクチバシ
アオアシシギ 青脚鷸
Tringa nebularia
（霧のようなクサシギの仲間）
33cm

青足といっても黄緑色っぽい灰色

夏羽

青氷

冬羽

61

オオキアシシギ
大黄脚鷸 32cm
Tringa melanoleuca
(黒と白のクサシギの仲間)

わずかに上に反ったクチバシ

迷鳥

夏羽

冬羽

「ハイ おふ様カレーどーぞ」

迷鳥

夏羽

冬羽

冬羽

夏羽

バシャ
バシャ

コキアシシギ 小黄脚鷸
Tringa flavipes 24cm
(黄色い足のクサシギの仲間)

胸には泥はねの様な模様

カラフトアオアシシギ
樺太青脚鷸 31cm
Tringa guttifer
(斑点のあるクサシギの仲間)

背中や翼には小さな白い点がある

パラ
パラ

夏羽

冬羽

クサシギ
草鷸 24cm
Tringa ochropus
(黄土色の足のクサシギの仲間)

夏羽

冬羽

タカブシギ
鷹斑鷸 21.5cm
Tringa glareola
(砂利にすむクサシギの仲間)

キアシシギ 黄脚鷸 25.5cm
Heteroscelus brevipes
（短くて変わった足の鳥）

夏羽

幼鳥

ピューイー
ピューイー

ピッピッピッ

夏羽

冬羽

メリケンキアシシギ
メリケン黄脚鷸 27.5cm
Heteroscelus incanus
（白髪の変わった足の鳥）

イソシギ 磯鷸 20cm
Actitis hypoleucos
（白いお腹の海辺にすむもの）

ふりふり

こしふりが
お見事!!

ソリハシシギ 反嘴鷸
Xenus cinereus
（灰色のよそ者）
23cm

オグロシギ
尾黒鷸 38.5cm
Limosa limosa
（泥だらけの鳥）

尾黒

黒汁

オオソリハシシギ
大反嘴鷸 41cm
Limosa lapponica
(ラップランド地方の泥だらけの鳥)

冬羽

夏羽

ダイシャクシギ
大杓鷸 60cm
Numenius arquata
(曲がったクチバシの鳥)

ホウロクシギ
焙烙鷸 61.5cm
Numenius madagascariensis
(マダガスカル産の曲がったクチバシの鳥)

おっとっと

おっとっと

腰が白い

シロハラチュウシャクシギ
白腹中杓鷸 41cm
Numenius tenuirostris
(細くて曲がったクチバシの鳥)

迷鳥

世界的希少種

チュウシャクシギ 中杓鷸
Numenius phaeopus
(灰色の足の曲がったクチバシの鳥)
42cm

幼鳥
クチバシが
まだ短い

64

ハリモモチュウシャク
針腿中杓 44.5cm
Numenius tahitiensis
(タヒチ産の曲がったクチバシの鳥)

コシャクシギ
小杓鷸 31cm
Numenius minutus
(小さいクチバシの曲がった鳥)

迷鳥

360°の視界

歩きづらいよ〜

なぜか針状の羽が…

ヤマシギ 山鷸 34cm
Scolopax rusticola
(田舎にすむ長いクチバシの鳥)

目の位置が.なんかヘン…ひょうきな顔だな〜

アマミヤマシギ 奄美山鷸
Scolopax mira 37cm
(驚くべき長いクチバシの鳥)

尾羽は通常14枚

タシギ 田鷸 26cm
Gallinago gallinago
(ニワトリに似た鳥)

ハリオシギ 針尾鷸 26cm
Gallinago stenura
(狭い尾のニワトリに似た鳥)
ここが針の尾
尾羽は通常26枚

チュウジシギ 中地鷸 28cm
Gallinago megala
(大きいニワトリに似た鳥)
尾羽は通常20枚

識別が大変なのだ〜

尾羽は通常18枚

大きな羽音を出して急降下
別名 カミナリシギ
オオジシギ 大地鷸
Gallinago hardwickii
31cm
(Hardwickeさんが採集したニワトリに似た鳥)

アオシギ 青鷸 30cm
Gallinago solitaria
(孤独性のニワトリに似た鳥)

コシギ 小鷸 18cm
Lymnocryptes minimus
（最も小さい沼にかくれるもの）

チドリ目 セイタカシギ科

見晴しが いいよ〜♪

頭の色は個体変異が 多い

幼鳥

ツルツル

ソリハシセイタカシギ
反嘴丈高鷸 43cm
Recurvirostra avosetta
（とってもカワイイ クチバシが上に 反った鳥）

↑ちょっと曲げ過ぎ？ 本当はこう

セイタカシギよりも 足は短い

セイタカシギ 丈高鷸
Himantopus himantopus
（皮ひものような足の鳥）37cm

亜種 オーストラリア セイタカシギ

67

チドリ目 | ヒレアシシギ科

ハイイロヒレアシシギ 灰色鰭足鷸 22cm
Phalaropus fulicarius
（オオバンのような足の鳥）

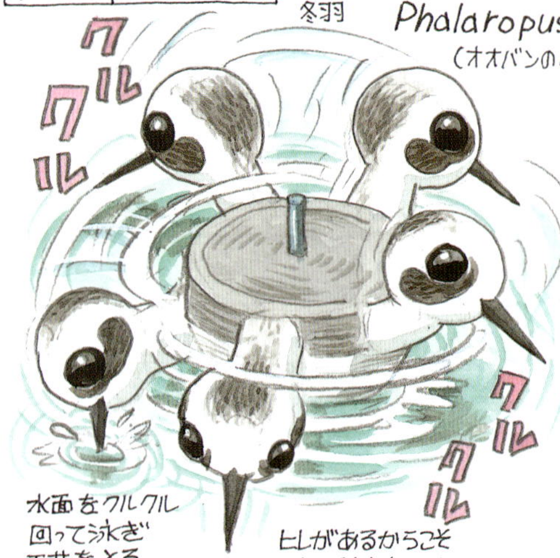

ヒレアシシギの仲間はメスの方がオスより鮮やかな色で抱卵や子育てもオスの役割.

アカエリヒレアシシギ 赤襟鰭足鷸 19cm
Phalaropus lobatus
（葉のような足の鳥）

アメリカヒレアシシギ アメリカ鰭足鷸 24cm
Phalaropus tricolor
（3色の オオバンのような足の鳥）

チドリ目 | ツバメチドリ科

ツバメチドリ 燕千鳥 24.5cm
Glareola maldivarum
（モルジブの砂利地の小さな鳥）

チドリ目 トウゾクカモメ科

「もらい」

他の鳥をおそってエサを盗むゾ

オオトウゾクカモメ
大盗賊鴎 53cm
Catharacta maccormicki

暗色型
淡色型
ヘンなシッポ
ねじれているのだ

「オラオラ」

トウゾクカモメ
盗賊鴎 72cm
Stercorarius pomarinus
（鼻に覆いのあるクソ鳥）

暗色型
淡色型

クロトウゾクカモメ 黒盗賊鴎
Stercorarius parasiticus 57cm
（寄生性のクソ鳥）

シロハラトウゾクカモメ
白腹盗賊鴎 47cm
Stercorarius longicaudus
（長い尾のクソ鳥）

チドリ目 カモメ科

オオズグロカモメ
大頭黒鷗 65.5cm
Larus ichthyaetus

夏羽
冬羽

冬羽
夏羽
迷鳥

アメリカズグロカモメ
アメリカ頭黒鷗 36cm
Larus pipixcan

ヒメカモメ 姫鷗 26cm
Larus minutus
(小さいカモメ)

夏羽
冬羽
迷鳥

冬羽
第1回冬羽
夏羽
迷鳥

ボナパルトカモメ
ボナパルト鷗 34cm
Larus philadelphia
(フィラデルフィアのカモメ)

70

とても かわいらしい
姿だが、群れで生活し
気が強く雑食性で
まるでカラス

夏羽

迷鳥

おなかは
ピンク色

ハシボソカモメ 嘴細鷗 43cm
Larus genei

冬羽

カモメの
皮をかぶった
カラスなのだ

第1回
冬羽

第1回冬羽

幼鳥

冬羽

ユリカモメ
百合鷗 41cm
Larus ridibundus
(笑うような鳴声のカモメ)

ニシセグロカモメ
西背黒鷗 61.5cm
Larus fuscus
(暗色のカモメ)

セグロカモメ
背黒鷗 61cm
Larus argentatus
(銀色のカモメ)
冬羽
夏羽
まっ白
幼鳥
第3回冬羽
キアシセグロカモメ
黄足背黒鷗 62cm
Larus cachinnans
(大笑いするカモメ)
名前のとおり
足は黄色だが
ピンク色のもいる
セグロカモメに比べ
黒っぽい背
夏羽
冬羽
第2回
冬羽
オオセグロカモメ
大背黒鷗 61.5cm
Larus schistisagus
(灰色のマントを着たカモメ)
冬羽
夏羽
鷲
第1回
冬羽
ワシカモメ 鷲鷗 64cm
Larus glaucescens
(蒼灰色のカモメ)

アイスランドカモメ
アイスランド鷗 60cm
Larus glaucoides
(青灰色のカモメ)

第1回冬羽
冬羽
迷鳥

カモメ 鷗 42cm
Larus canus
(灰白色のカモメ)

冬羽
夏羽
第1回冬羽

カナダカモメ
カナダ鷗 58cm
Larus thayeri

冬羽
第1回冬羽

シロカモメ
白鷗 62～70cm
Larus hyperboreus
(極北のカモメ)

冬羽
第3回冬羽
第1回冬羽

ウミネコ海猫 45cm
Larus crassirostris
(太いクチバシのカモメ)

ミャーオ
ミャーオ
ミャーオ
ミャーオ

冬羽
夏羽
第1回冬羽

ズグロカモメ
頭黒鷗 31.5cm
Larus saundersi
(博物学者Saundersさんにちなむカモメ)

冬羽
夏羽
第1回冬羽
迷鳥

ゴビズキンカモメ
ゴビ頭巾鷗 44cm
Larus relictus
(生き残りのカモメ)

夏羽
冬羽
幼鳥
迷鳥
凹型の尾

クビワカモメ 首輪鷗
Xema sabini 34.5cm

74

ミツユビカモメ 三趾鷗 41cm
Rissa tridactyla
（三趾のミツユビカモメ類）

アカアシミツユビカモメ
赤足三趾鷗 37.5cm
Rissa brevirostris
（短いクチバシのミツユビカモメ類）

ヒメクビワカモメ
姫首輪鷗 31cm
Rhodostethia rosea
（バラ色の胸の鳥）

ゾウゲカモメ
象牙鷗 42.5cm
Pagophila eburnea
（象牙色の氷を好むもの）

見事に半分黒い

夏羽

ハジロクロハラアジサシ
羽白黒腹鯵刺 25cm
Chlidonias leucopterus
（白い翼のツバメのような鳥）

夏羽

冬羽

腹が黒くても悪いヤツではありません。

夏羽

クロハラアジサシ
黒腹鯵刺 26cm
Chlidonias hybridus
（雑種性のツバメのような鳥）

冬羽

夏羽 迷鳥

ハシグロクロハラアジサシ
嘴黒黒腹鯵刺 25.5cm
Chlidonias niger
（黒いツバメのような鳥）

立派なクチバシ

オニアジサシ
鬼鯵刺 52.5cm
Hydroprogne caspia
（カスピ海の水のツバメ）

冬羽

夏羽

夏羽

「カツラじゃないぞ」
「カツラが欲しい」
冬羽

オオアジサシ
大鯵刺 45cm
Thalasseus bergii
(Bergiusさんにちなんだ漁師)

ベンガルアジサシ
ベンガル鯵刺 35~43cm
Thalasseus bengalensis
(ベンガル産の漁師)

夏羽
迷鳥
冬羽

夏羽
冬羽
亜種アカアシアジサシ

夏羽
冬羽

ハシブトアジサシ
嘴太鯵刺 37.5cm
Gelochelidon nilotica
(ナイルの笑うツバメ)

「アジフライ」

アジサシ 鯵刺 35.5cm
Sterna hirundo
(ツバメのようなアジサシ類)

キョクアジサシ
極鰺刺 39cm
Sterna paradisaea
(楽園のアジサシ類)

北極から南極へ世界一の旅鳥なのだ

夏羽
第1回夏羽
迷鳥
幼鳥

ベニアジサシ
紅鰺刺 35cm
Sterna dougallii
(Dougallさんにちなんだアジサシ類)

夏羽でもクチバシがほとんど黒いもの、ほとんど赤いものもいる
オレってベニアジサシじゃないのかな〜♪

冬羽
夏羽

エリグロアジサシ
襟黒鰺刺 31cm
Sterna sumatrana
(スマトラのアジサシ類)

笑わないで下さい

コシジロアジサシ
腰白鰺刺 33cm
Sterna aleutica
(アリューシャン列島のアジサシ類)

幼鳥

迷鳥

ナンヨウマミジロアジサシ
南洋眉白鯵刺 38cm
Sterna lunata
(半月形の翼のアジサシ類)

マミジロアジサシ
眉白鯵刺 36cm
Sterna anaethetus
(おろかなアジサシ類)

ナンヨウ
マミジロー

マミジロー

セグロー

セグロー
幼鳥

セグロアジサシ
背黒鯵刺 40.5cm
Sterna fuscata
(暗色のアジサシ類)

コアジサシ
小鯵刺 25cm
Sterna albifrons
(白い額のアジサシ類)

夏羽

冬羽

幼鳥

シロアジサシ 白鯵刺 27.5cm
Gygis alba
(白い水鳥)

クロアジサシ 黒鯵刺 40cm
Anous stolidus
(おろか者の鳥…警戒心がないため)

ぐにょ

グニグニ

グニグニ

迷鳥

ハイイロアジサシ
灰色鯵刺 26cm
Procelsterna cerulea
(青っぽい嵐のアジサシ)

ヒメクロアジサシ
姫黒鯵刺 36cm
Anous minutus
(小さなおろか者)

80

チドリ目 ウミスズメ科

ヒメウミスズメ
姫海雀 19cm
Alle alle

太った体に小さい翼 よくこんなんで飛べるもんだな〜

ブッ ブッ

ちっちぇーｸﾁﾊﾞｼ。

あれあれ.. ｸﾋﾞがない？

迷鳥

ウミガラス
海烏 43cm
Uria aalge
(ウミガラスという水鳥)

夏羽

おろろ〜んと鳴くのでおろろんちょうとも呼ばれてる

ｵﾛｫﾝ!

冬羽

ほとんどペンギン

ハシブトウミガラス
嘴太海烏 43cm
Uria lomvia
(ハシブトウミガラスという水鳥)

夏羽

エラソーな白いハナヒゲ

冬羽

海は広いね〜

ウミバト 海鳩 33cm
Cepphus columba
(ハトに似た海鳥)

カア カア

夏羽

冬羽

白いオタマジャクシの
ような目のまわりが
面白い
ケイマフリ
海鴎 37cm
Cepphus carbo
(炭色の海鳥)
冬羽
アイヌ語で
ケマ(脚)
フレ(赤い)
赤い足が目立つ
夏羽
冬羽
マダラウミスズメ
斑海雀 24.5cm
Brachyramphus marmoratus
(大理石模様した短いクチバシの鳥)
冬羽
夏羽
小さくてカワイイ
クチバシ
白い眉毛(?)や
あごヒゲ(?)がとれて
若々しくなる
ウミスズメ
海雀 25.5cm
Synthliboramphus antiquus
(古代の つぶれたクチバシの鳥)
夏羽
冬羽
カンムリウミスズメ
冠海雀 24cm
Synthliboramphus wumizusume
(ウミズスメ(ウミスズメの誤記)という つぶれたクチバシの鳥)

エトロフウミスズメ
択捉海雀 24cm
Aethia cristatella
(小さな冠羽の海鳥)

立派な
チョンマゲ

オレンジ色の
口がカワイイ

夏羽

冬羽

チョキ

実にユニークな顔

シラヒゲウミスズメ
白髭海雀 17cm
Aethia pygmaea
(こびとのような海鳥)

こりゃホントに
見事なシラヒゲ

夏羽

冬羽

迷鳥

コウミスズメ
小海雀 15cm
Aethia pusilla
(非常に小さい海鳥)

冬羽

夏羽

日本のウミスズメの仲間では
最小
スズメと
同じくらいの
大きさ

ウミオウム
海鸚鵡 23cm
Aethia psittacula
(小さなオウムの海鳥)

夏羽

柿の種
みたいなクチバシ

ちーび

冬羽

83

なんだろうこの角は？
ウトウ 善知鳥 37.5cm
Cerorhinca monocerata
（一本角のあるクチバシの鳥）
夏羽
すっきり!!!
冬羽
どちらも
ハデな顔
してるね〜
名前のとおり
目から角が…
夏羽
どちらも
見事な
クチバシ
してますね-
エトピリカ
花魁鳥 39cm
Lunda cirrhata
（巻き毛をもつツノメドリ）
夏羽
冬羽
アイヌ語で
エト（クチバシ）
ピリカ（美しい）
覆面プロレスラー
みたいだなー
冬羽
ツノメドリ
角目鳥 37.5cm
Fratercula corniculata
（小さな角をもつ修道士）

| ハト目 | サケイ科 |

♂ 迷鳥

サケイ
沙鶏 37.5cm
Syrrhaptes paradoxus
(予想外の縫い合わされた(指の)鳥)

♀
お腹の羽毛に水を貯えてヒナに持ち帰ることができる

毛のはえた足

| ハト目 | ハト科 |

ヒメモリバト
姫森鳩 33cm
Columba oenas
(ハト)

迷鳥

カラスバト
烏鳩 40cm
Columba janthina
(紫色のハト)

絶滅か？
1936年を最後に記録がない

1889年を最後に記録がない
絶滅か？

リュウキュウカラスバト
琉球烏鳩 45cm
Columba jouyi
(Jouyさんにちなんだハト)

オガサワラカラスバト
小笠原烏鳩 45cm
Columba versicolor
(色変わりのハト)

85

シラコバト
白子鳩 32.5cm
Streptopelia decaocto
(デカ・オクト〜(10・8)と鳴く首飾りのあるハト)

埼玉県越谷市を中心に関東地方の一部のみ分布している

サツマイモみたいな体してますね〜
ベニアズマバト?

♂♀はちょっとシラコバトに似てる
♀

ベニバト 紅鳩 22.5cm
Streptopelia tranquebarica
(インド・トランケバルの首飾りのあるハト)

ウロコ模様の体がキジの♀に似ているのでキジバト

でで

ぽっー
たまにヘンな声

キジバト 雉鳩 33cm
Streptopelia orientalis
(東方の首飾りのあるハト)
別名ヤマバト

最近は人が近寄ってもへーきでいる.
なすびの大好きな鳥である.

キンバト
金鳩 25cm
Chalcophaps indica
(インドの銅色のハト)

アオバト
青(緑)鳩 33cm
Sphenurus sieboldii
(シーボルトにちなんだくさび状の尾の鳥)

ズアカアオバト
頭赤青(緑)鳩 35cm
Sphenurus formosae
(台湾のくさび状の尾の鳥)

頭赤なのに頭が赤くない…
実は台湾に分布する亜種タイワンズアカアオバトは赤味がある

カッコウ目 | カッコウ科

ジュウイチ
十一(慈悲心鳥) 32cm
Cuculus fugax
(速いカッコウ)

セグロカッコウ
背黒郭公 32.5cm
Cuculus micropterus
(小さな翼のカッコウ)

カッカッカッコウ

カッコウに比べ太くて粗いシマシマ

カッコウ
郭公 35cm
Cuculus canorus
(美しい声のカッコウ)

ちょちょだだ

カッコウの仲間は自分で巣を作らないで他の鳥に子育てをまかせる

仮親

ヒナ

閑古鳥(かんこどり)とはカッコウのこと

カッコー

ガラ〜

ポポ

ツツドリ
筒鳥 32.5cm
Cuculus saturatus
(数の多いカッコウ)

竹筒をたたく音に似た鳴き声なのでツツドリ

♀には赤色型もいるヨ

てっぺんかけたか

東京特許許可局

ホトトギス
杜鵑 27.5cm
Cuculus poliocephalus
(灰色のカッコウ)

♀には赤色型もいる

88

カンムリカッコウ
冠郭公 45cm
Clamator coromandus
(インド・コロマンデル海岸の叫ぶ鳥)

→ 立派なカンムリ
立派な尾
迷鳥

バンケン 蕃鵑 38cm
Centropus bengalensis

迷鳥
後指のツメが長い

| フクロウ目 | フクロウ科 |

シロフクロウ
白梟 60cm
Nyctea scandiaca
(スカンジナビアの夜の鳥)

ますこ"雪ダルマ
好物のレミング
♀

ワシミミズク
鷲木菟 66cm
Bubo bubo
(ホーホー鳴くワシミミズク)

Bubo Bubo
鳴き声が学名になっている

耳みたいだけど本当の耳ではないゾ

トラフズク
虎斑木菟 35〜40cm
Asio otus
(ミミズク)

89

魚大好き
シマフクロウ
島梟 70cm
Ketupa blakistoni
(Blackistonさんにちなんだ
ウオミミズク)
ヒナ
日本産フクロウの仲間で
一番大きいヨ
←小さい耳(羽角)
コミミズク
小耳木菟 35~41cm
Asio flammeus
(炎色のミミズク)
ブッ ポー ソー
ブッポーソーと
鳴くが
ブッポウソウ
ではないヨ
紅葉?
赤色型
もいるよ
コノハズク
木葉木菟 19~22cm
Otus scops
(コノハズクというミミズク)
コホッ、クホッ
コノハズク
より少し大きく
色も濃い
リュウキュウ
コノハズク
琉球
木葉木菟
Otus elegans
(優雅なミミズク)

オオコノハズク
大木葉木菟 23.5~26cm
Otus lempiji

赤い目が魅力的

キンメフクロウ
金目梟 25cm
Aegolius funereus
(不吉なフクロウ)

木に同化してる

まん丸目玉がカワイイ♡

アオバズク
青葉木菟 27~30.5cm
Ninox scutulata
(市松模様のアオバズク)

ヒナ

クルクル
自由に動く頭

ヒナ

フクロウ
梟 48~52cm
Strix uralensis
(ウラル地方のフクロウ)

| フクロウ目 | メンフクロウ科 |

ミナミメンフクロウ
南仮面梟 35cm
Tyto capensis

迷鳥

仮面のような顔がブキミ

| ヨタカ目 | ヨタカ科 |

ヨタカ 夜鷹 29cm
Caprimulgus indicus
(インドのヤギの乳をしぼる鳥)

木と一体化してる♪

クチバシは小さいが口は大きい

| アマツバメ目 | アマツバメ科 |

はずかし〜

迷鳥

ヒマラヤアマツバメ
ヒマラヤ穴燕 13〜14cm
Collocalia brevirostris

お尻(腰)が白い

ヒメアマツバメ
姫雨燕 13cm
Apus affinis
(アマツバメに似た鳥)

カマのような翼がカッコイイ

アマツバメの仲間は生活の大部分を空中で過ごし、めったに使わない足は短い

アマツバメ
雨燕 20cm
Apus pacificus
(太平洋の足無し鳥)

名前のとおり尾に針が

ハリオアマツバメ
針尾雨燕 21cm
Hirundapus caudacutus
(尾の尖ったアマツバメ)

ブッポウソウ目 カワセミ科

ヤマセミ
山翡翠 37.5cm
Ceryle lugubris
(悲しげな鳴声のカワセミ)

キャラッ キャラッ

バタバタ羽音

正面
頭デッカチでカワイイ♡

アオショウビン
青翡翠 28cm
Halcyon smyrnensis

迷鳥

青い背中がとっても美しい

ヤマショウビン
山翡翠 28cm
Halcyon pileata
(帽子をかぶったカワセミ)

オシャレな鳥だなぁ〜

ヤマセミと同じ漢字だ〜っ

アカショウビン
赤翡翠 27.5cm
Halcyon coromanda
(インド・コロマンデル海岸のカワセミ)

キョロロロ

バーダーあこがれの鳥

腰には青い宝石が…✧

クチバシの色は不明
ミヤコショウビン
宮古翡翠 20cm
Halcyon miyakoensis
(宮古島産のカワセミ)
1887
Halcyon miyakoensis
ミヤコセウビン
1887年宮古島で
1羽だけ採集されただけの幻の鳥
水辺の宝石
カワセミの美しさに
みせられて
野鳥にハマッた
人も多い
案外
身近な
水辺にいるヨ
♀
メスは
ここが
オレンジ
カワセミ翡翠 17cm
Alcedo atthis
(カワセミに変じた婦人アティスにちなんだカワセミ)
迷鳥
ナンヨウショウビン
南洋翡翠 23cm
Halcyon chloris
(緑色のカワセミ)
ブッポウソウ目 | ハチクイ科
迷鳥
日本では
1904年に宮古島で
記録があるのみ
ハチクイ
蜂喰 20cm
Merops ornatus
(飾りのあるハチクイ)

ブッポウソウ目 | ブッポウソウ科
「ブッポーソー」と鳴くのはコノハズク
ゲッゲッ
ブッポーソー!!
光の具合で青に見えたり緑に見えたりする体
翼には白い斑が目立つ
ブッポウソウ
仏法僧 29.5cm
Eurystomus orientalis
(東洋の広い口の鳥)
ヤツガシラ
ブッポウソウ目 | ヤツガシラ科
戴勝(八頭) 26cm
Upupa epops
(ヤツガシラ)
ポポポポ
パタパタ
見事なヘアスタイル(?)
たたむとこうなる
ふわっ
キツツキ目 | キツツキ科
キュー キュー
アリスイ 蟻吸 17.5cm
Jynx torquilla
(小さな頭をねじるアリスイ)
キツツキらしくないキツツキの仲間
名前どおりアリが大好き♡
キョッキョッ
♂
♀
日本固有種なのです
アオゲラ
緑啄木鳥 29cm
Picus awokera
(アオケラというキツツキ)

♂ アオゲラに似てるが
お腹には黒い斑がない

♀

ヤマゲラ 山啄木鳥 29.5cm
Picus canus
(灰白色のキツツキ)

♂ 沖縄本島にだけ分布する日本固有種

絶滅が心配されている

♀

ノグチゲラ 野口啄木鳥 31cm
Sapheopipo noguchii
(ノグチという独特なキツツキ)

♂

♀

クマゲラ 熊啄木鳥 45.5cm
Dryocopus martius
(ローマの軍神Marsのキツツキ)

♂ ♀ 日本では1920年に採集されてから確認されていない

キタタキ 木啄 46cm
Dryocopus javensis
(ジャワ産のキツツキ)

96

幼鳥
背中の白いV字が目印

アカゲラ
赤啄木鳥 23.5cm
Dendrocopos major
(大形の木をつつく鳥)

オオアカゲラ
大赤啄木鳥 28cm
Dendrocopos leucotos
(白い耳の木をつつく鳥)

背中に白いリュック(?)

コアカゲラ
小赤啄木鳥 16cm
Dendrocopos minor
(小形の木をつつく鳥)

ギィイ

オスの後頭部の赤い点はなかなか見えないゾ
近年市街地でも見かけるようになった身近なキツツキ

スズメと同じくらいの小さなキツツキ

コゲラ 小啄木鳥 15cm
Dendrocopos kizuki
(最初の採集地 大分県杵築(きづき)の木をつつく鳥)
(又は、キツツキの誤記?)

文字どおり 3本指

日本では北海道でわずかに記録があるのみ

ミユビゲラ
三趾啄木鳥 22cm
Picoides tridactylus
(3趾のキツツキに似た鳥)

| スズメ目 | ヤイロチョウ科 |

ヤイロチョウ
八色鳥 18cm
Pitta brachyura
(短い尾の小さなカケス)

ポポピ～
ホントに八色あるかな?
色鮮やかな鳥です
尾は短い

ズグロヤイロチョウ
頭黒八色鳥 25cm
Pitta sordida
(汚れた小さなカケス)

迷鳥

| スズメ目 | ヒバリ科 |

クビワコウテンシ
首輪告天子 16.5cm
Melanocorypha bimaculata
(2つの斑圧がある黒い頭頂部の鳥)

迷鳥

ヒメコウテンシ
姫告天子 14cm
Calandrella cinerea
(灰色の小さなヒバリ)

三列風切が長く初列風切がかくれてしまう

ヒバリの仲間は後指のツメが長いヨ

コヒバリ
小雲雀 14cm
Calandrella cheleensis

ヒメコウテンシに似てるが初列風切は見える

ぴーちく ぱーちく

ビュル ビュル ビュル

ヒバリ 雲雀 17cm
Alauda arvensis
(畑の偉大な歌姫)

冠羽をたたむと スッキリ♪

ハマヒバリ 浜雲雀 16cm
Eremophila alpestris
(高山の孤独を好むもの)

ツノみたいな冠羽がある

スズメ目 ツバメ科

小さなネクタイがカワイイ♡

土の崖に巣穴を掘る

ショウドウツバメ 小洞燕 12.5cm
Riparia riparia
(河岸に多い鳥)

ウロコ模様がキレイ

リュウキュウツバメ 琉球燕 13cm
Hirundo tahitica
(タヒチのツバメ)

水面すれすれを飛んで虫をとったり、水を飲んだり…

虫食って
土食って
しぶーい

コシアカツバメ
腰赤燕 18.5cm
Hirundo daurica
(バイカル湖の東 Dauria 地方のツバメ)

赤いこしまき

ツバメ 燕 17cm
Hirundo rustica
(田舎のツバメ)

尾を開くと
白斑が
見える

集合住宅?

足は白い
羽毛が
生えている

スズメ目 セキレイ科

腰は白い
(腹巻き?)

尾を
左右にふるヨ

イワツバメ
岩燕 13cm
Delichon urbica
(都会のツバメ)

人面鳥(?)

イワミセキレイ
岩見鶺鴒 15.5cm
Dendronanthus indicus
(インドの木のセキレイ)

100

ツメナガセキレイ
爪長鶺鴒 16.5cm
Motacilla flava
（黄色のたえず尾を動かすもの）

亜種が多いヨ

キマユツメナガセキレイ

マミジロツメナガセキレイ

シベリアツメナガセキレイ

キタツメナガセキレイ

キガシラセキレイ
黄頭鶺鴒 16.5cm
Motacilla citreola
（レモン色のたえず尾を動かすもの）

鮮やかな黄色 ♂

♀

キセキレイ
黄鶺鴒 20cm
Motacilla cinerea
（灰色のたえず尾を動かすもの）

♂夏羽　♂冬羽

ポロッ

♀

チチン

ハクセキレイ
白鶺鴒 21cm
Motacilla alba
（白いたえず尾を動かすもの）

雛鳥

やるきかー？

ミラーに写った自分に攻撃

駅前のビルのネオンカンバンの裏などをねぐらにしたりする→

亜種
タイワンハクセキレイ
ホオジロハクセキレイ
シベリアハクセキレイ

な

セグロセキレイ
背黒鶺鴒 21cm
Motacilla grandis
(大きな たえず尾を動かすもの)
ジジ
ジジッ
ハクセキレイに似るが
顔の模様がちがう
チュ
チュン
チュン
ジジ
ジジッ
ジジッ
ハクセキレイ
白地に黒線
セグロセキレイ
黒地に白線
セキレイの仲間は大きな波形を
えがいて飛ぶヨ
幼鳥
セジロタヒバリ
背白田雲雀 14.5cm
Anthus gustavi
(この鳥の発見者Gustavus氏に
ちなんだセキレイ)
マミジロタヒバリ
眉白田雲雀 18cm
Anthus
novaeseelandiae
(ニュージーランドのセキレイ)
ビュン
ビュン
94%
縮小
コマミジロタヒバリ
小眉白田雲雀 16.5cm
Anthus
godlewskii
(Godlewski氏に
ちなんだセキレイ)
ジュッ
ジュッ
ここが
短い
縮小
グニュ
田ヒバリ(?)

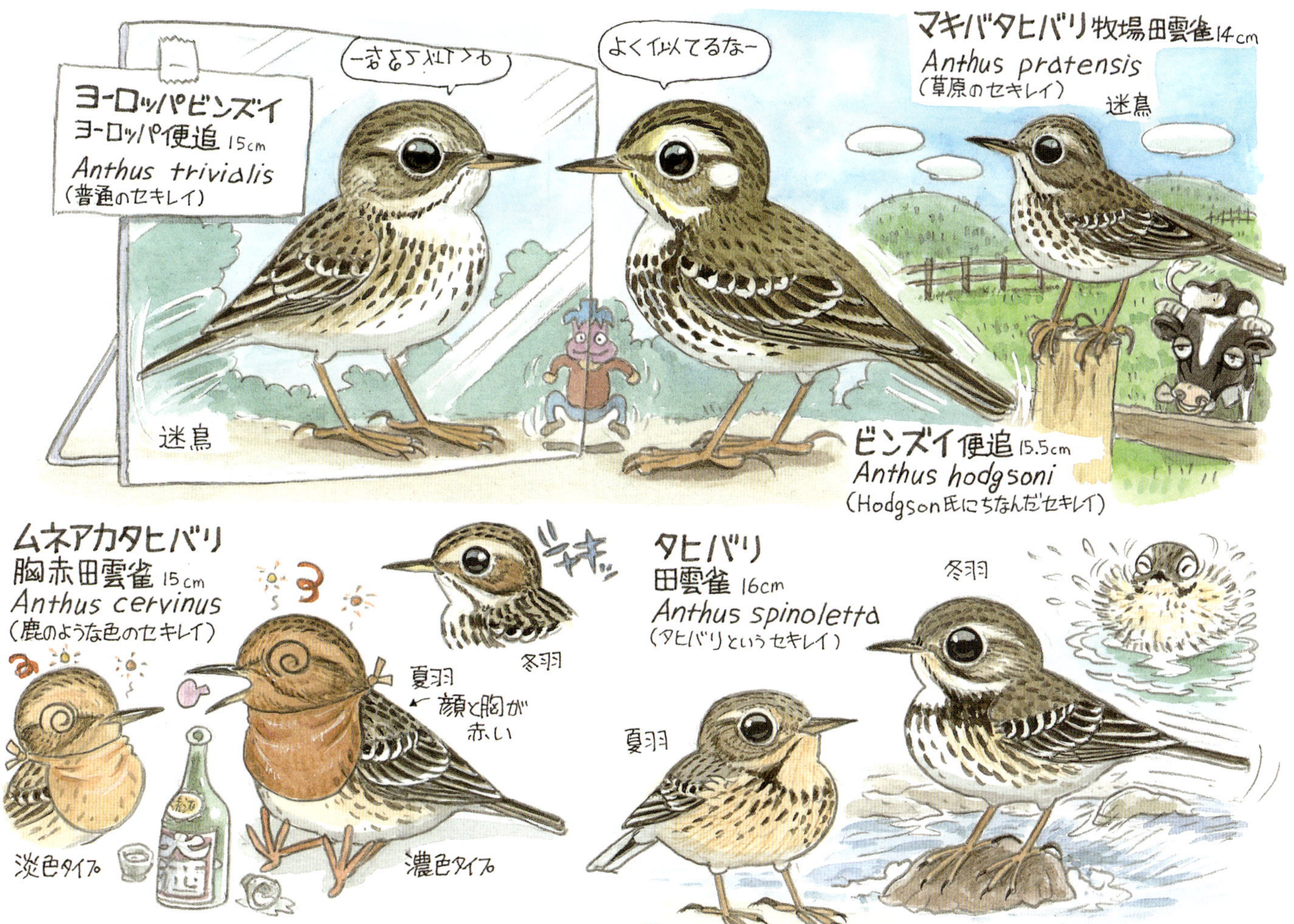

ヨーロッパビンズイ
ヨーロッパ便追 15cm
Anthus trivialis
（普通のセキレイ）
迷鳥
よく似てるな〜
マキバタヒバリ 牧場田雲雀 14cm
Anthus pratensis
（草原のセキレイ）
迷鳥
ビンズイ 便追 15.5cm
Anthus hodgsoni
（Hodgson氏にちなんだセキレイ）
ムネアカタヒバリ
胸赤田雲雀 15cm
Anthus cervinus
（鹿のような色のセキレイ）
シャキッ
冬羽
夏羽
顔と胸が赤い
淡色タイプ
濃色タイプ
タヒバリ
田雲雀 16cm
Anthus spinoletta
（タヒバリというセキレイ）
冬羽
夏羽

スズメ目 サンショウクイ科

アサクラサンショウクイ
朝倉山椒喰 23.5cm
Coracina melaschistos
（黒と灰色のカラスに似た鳥）

ススだらけ(?)の体

♂
♀
迷鳥

ヒリリリ…
から
辛いサンショウの実を食べた時のような声？

スリムな体型うらやましい

サンショウクイ
山椒喰 20cm
Pericrocotus divaricatus
（二又に分かれた尾の濃いサフラン色の鳥）

南方系のサンショウクイはサフラン色

リュウキュウサンショウクイ（亜種）

スズメ目 ヒヨドリ科

キョッ キョッ ピキョ ピキョ
ぱっ
白い頭が大きくなるゾ

シロガシラ
白頭 18.5cm
Pycnonotus sinensis
（中国産の白い背中の鳥）

最近なぜびの頭もシロガシラ

ヒ～～ヨ ヒ～～ヨ

ボサボサ頭に茶色のホッペ

空中キャッチ

ヒヨドリ
鵯 27.5cm
Hypsipetes amaurotis
（暗色の耳をした高く飛ぶ鳥）

とがったウロコ模様の下尾筒がキレイ

うるさい

どこにでもいて、バーダーには人気がイマイチ？

104

スズメ目 | モズ科

チゴモズ
稚児百舌 18.5cm
Lanius tigrinus
(トラ模様の屠殺者)

アカモズ 赤百舌 20cm
Lanius cristatus
(冠羽のある屠殺者)

モズ 百舌 20cm
Lanius bucephalus
(牛の頭をした屠殺者)

タカサゴモズ
高砂百舌 25cm
Lanius schach
迷鳥
迷鳥
ワネワネ
オリイモズ
オリイ百舌 17~19cm
Lanius isabellinus
スズメ目
レンジャク科
キレンジャク
黄連雀 19.5cm
Bombycilla garrulus
(ギャーギャー鳴く絹のような尾の鳥)
次列風切の先には赤いロウ状の突起がある
ネバネバのヤドリギの種がフンとして出てきた
よお オオモズ それでも大モズかい?
デカイ‥ ‥‥
オオカラモズ
大唐百舌 31cm
Lanius sphenocercus
(くさび形の尾をした屠殺者)
オオモズ
大百舌 24.5cm
Lanius excubitor
(見張りしてくれる屠殺者)
青いのがいれば信号ができたのに‥
ヒレンジャク
緋連雀 17.5cm
Bombycilla japonica
(日本の絹のような尾の鳥)

カワガラス
河烏 22cm
Cinclus pallasii
(Pallas氏にちなむ尾をふる鳥)

ミソサザイ
スズメ目 ミソサザイ科
鷦鷯 10.5cm
Troglodytes troglodytes
(穴にもぐるもの)

イワヒバリ
岩雲雀 18cm
Prunella collaris
(首に特徴のある褐色の小鳥)

ヤマヒバリ
山雲雀 14cm
Prunella montanella
(山の小さな褐色の鳥)

カヤクグリ
茅潜 14cm
Prunella rubida
(赤い褐色の小鳥)

スズメ目 ツグミ科

「ロビンで～す」

ヨーロッパコマドリ
ヨーロッパ駒鳥 14cm
Erithacus rubecula
（赤くて小さいロビン）

迷鳥

ん？

ヒーン カラララ

コマドリ 駒鳥 14cm
Erithacus akahige
（アカヒゲというロビン
……コマドリととり違えて命名）

鳴き声が馬のいななきに似てるので駒鳥なのです

♂
♀

目がクリッとしてカワイイのだ♡

「赤ひげ」と聞いてお医者さんを思いだすのは私だけ？

♀　♂

アカヒゲ 赤髭 14cm
Erithacus komadori
（コマドリというロビン……アカヒゲととり違えて命名）

ウロコ模様のベストがあったかそう

シマゴマ
島駒 13cm
Luscinia sibilans
（ピーピー鳴くウグイス）

赤い
ヨダレかけ
が目立つ
無
赤い
ヨダレかけ
がない
ノドが赤味を
帯びるメスもいる
ノゴマ 野駒 15.5cm
Luscinia calliope
(ミューズ女神カリオペの
ように美しい声のウグイス)
日の丸
見事な胸飾り
ちょーだい
オガワコマドリ
小川駒鳥 15cm
Luscinia svecica
(スウェーデンのウグイス)
ちょっと地味な
メス
暗青色と白の
コントラストが
とてもキレイ
コルリ 小瑠璃 14cm
Luscinia cyane
(濃青の泉に変えられたニンフKyaneにちなむウグイス)
ヒッヒッ
クックッ
小さな
クチバシと
クリッとした
目がカワイイ♡
脇の
オレンジ色と
尾の青が
目印
ナスビタキ?
ルリビタキ
瑠璃鶲 14cm
Tarsiger cyanurus
(青い尾の特徴ある足の鳥)

うっ
♂
迷鳥
♀
シロビタイジョウビタキ
白額常鶲 15cm
Phoenicurus phoenicurus
(赤い尾の鳥)
迷鳥
♂
♀
♂
迷鳥
♀
クロジョウビタキ
黒常鶲 15cm
Phoenicurus ochruros
クロノビタキ
黒野鶲 14cm
Saxicola caprata
ヒッヒッ
カッカッ
翼に目立つ白い斑があり紋付鳥とも呼ばれてるヨ
♀
♂
団子しょいの別名もある
どっこいしょ
ジョウビタキ
常鶲 14cm
Phoenicurus auroreus
(暁の女神Auroraのような 赤い尾の鳥)
だら～
あらあらヨダレが…
♂夏羽
♀
オレンジ色のヨダレかけ
♂冬羽
ノビタキ
野鶲 13cm
Saxicola torquata
(首飾りのある岩にすむもの)

ヤマザキヒタキ
山崎鶲 15cm
Saxicola ferrea

迷鳥

イナバヒタキ
因幡鶲 16cm
Oenanthe isabellina
(むぎわら色したブドウの花咲く頃に現われる鳥)

迷鳥

迷鳥ばっかり

ハシグロヒタキ
嘴黒鶲 14.5cm
Oenanthe oenanthe
(ブドウの花咲く頃に現われる鳥)

迷鳥

セグロサバクヒタキ
背黒砂漠鶲 14.5cm
Oenanthe pleschanka

迷鳥

サバクヒタキ
砂漠鶲 14.5cm
Oenanthe deserti
(砂漠のブドウの花咲く頃に現われる鳥)

迷鳥

コシジロイソヒヨドリ
腰白磯鵯 19cm
Monticola saxatilis
(岩場の山にすむ鳥)

迷鳥
背が白い(おモチ?)

イソヒヨドリ
磯鵯 25.5cm
Monticola solitarius
(孤独性の山にすむ鳥)

ヒメイソヒヨ
姫磯鵯 18.5cm
Monticola gularis
(のどに特徴のある山にすむ鳥)

トラツグミ
虎鶫 29.5cm
Zoothera dauma
(トラツグミという動物を狩るもの)

オガサワラガビチョウ
小笠原画眉鳥
ツグミより
少し小さい
Cichlopasser terrestris

名前のとおり
立派な白い眉
マミジロ
眉白 23.5cm
Turdus sibiricus
(シベリアのツグミ)
カラアカハラ
唐赤腹 23cm
Turdus hortulorum
(庭のツグミ)
キョロ
キョロ
クロツグミ
黒鶫 21.5cm
Turdus cardis
(アザミにちなんだツグミ)
迷鳥
クロウタドリ
黒歌鳥 28cm
Turdus merula
うっ
アカハラにソックリ
アカコッコ
赤鶫(島赤腹) 23cm
Turdus celaenops
(黒い顔のツグミ)
日本固有種

アカハラ
赤腹 23.5cm
Turdus chrysolaus
(金色のツグミ)

シロハラ
白腹 24cm
Turdus pallidus
(淡色のツグミ)

赤

白

紅白で
めでたいな～

そんなに
まっ白ではない

マミチャジナイ
眉茶鶇 21.5cm
Turdus obscurus
(くすんだ色のツグミ)

よだれかけ
ファッション

迷鳥

ノドグロツグミ
喉黒鶇 24cm

Turdus ruficollis
(赤い首のツグミ)

亜種
ノドアカツグミ

114

胸をはって
姿勢がいいネ
ぴたっ
ツグミ 鶫 24cm
Turdus naumanni
(鳥学者Naumannにちなむツグミ)
亜種ハチジョウツグミ
赤い
原っぱは
いいねー♡
ノハラツグミ
野原鶫 25.5cm
Turdus pilaris
(ツグミ)
迷鳥
ヤドリギの
実が好き
迷鳥
ハッ
迷鳥
ウタツグミ
歌鶫 23cm
Turdus
philomelos
迷鳥
ワキアカツグミ
脇赤鶫 20cm
Turdus iliacus
(わき腹に特徴あるツグミ)
ヤドリギツグミ寄生木鶫 27cm
Turdus viscivorus

スズメ目　チメドリ科

ヒゲガラ
髭雀 16.5cm
Panurus biarmicus
(ヒゲのある小さな 全部が尾の鳥)

ダルマエナガ
達磨柄長 12cm
Paradoxornis webbianus

スズメ目　ウグイス科

ヤブサメ
藪雨 10.5cm
Urosphena squameiceps

ウグイス
鶯 14~15.5cm
Cettia diphone
(2つの声のCetti氏にちなむ鳥)

オオセッカ
大雪加 13cm
Locustella pryeri
(Preyer氏にちなむ 小さなバッタのように鳴くもの)

とっぴんかけたか

エゾセンニュウ 蝦夷仙入 18cm
Locustella fasciolata
（帯斑の小さなバッタのように鳴くもの）

シベリアセンニュウ シベリア仙入 13cm
Locustella certhiola
迷鳥

センニュウの仲間の描き分けがむずかしい

チュチュチュ

シマセンニュウ 島仙入 15.5〜17cm
Locustella ochotensis
（オホーツク産の小さなバッタのように鳴くもの）

ウチヤマセンニュウ 内山仙入 15.5〜17cm
Locustella pleskei

シマセンニュウにくらべ、クチバシ、足尾が長い

マキノセンニュウ 牧野仙入 12cm
Locustella lanceolata
（槍先形の斑をもつ小さなバッタのように鳴くもの）

チリリリリ

虫のように鳴くヨ

センニュウの仲間では一番小さい

ギョッ ギョッ キリキリ

コヨシキリ 小葭切 13.5cm
Acrocephalus bistrigiceps
（2条斑のとがった頭をした鳥）

イナダヨシキリ
稲田葭切 14cm
Acrocephalus agricola
(農夫にちなむ とがった頭の鳥)

迷鳥

ハシブトオオヨシキリ
嘴太大葭切 20cm
Acrocephalus aedon
(ギリシャ神話の歌姫に
ちなんだとがった頭の鳥)

太目のクチバシ

迷鳥

セスジコヨシキリ
背筋小葭切 12〜13cm
Acrocephalus sorghophilus

デカイ声で
昼も夜も
鳴く

キタヤナギムシクイ
北柳虫喰 12cm
Phylloscopus trochilus

迷鳥

オオヨシキリ
大葭切 18.5cm
Acrocephalus arundinaceus
(アシ原のとがった頭の鳥)

コノドジロムシクイ
小喉白虫喰 13cm
Sylvia curruca

迷鳥

チフチャフ 11cm

Phylloscopus collybita

（両替人の 葉の観察者）

虫をさがして葉を見てるので.

さえずりがコインを数える音に似てるので.

モリムシクイ 森虫喰 12cm

Phylloscopus sibilatrix

（笛を吹く葉の観察者）

キバラムシクイ 黄腹虫喰 11cm

Phylloscopus affinis

（葉の観察者に関係ある鳥）

ムジセッカ 無地雪加 11cm

Phylloscopus fuscatus

（暗色の葉の観察者）

カラフトムジセッカ 樺太無地雪加 13cm

Phylloscopus schwarzi

セッカ 雪加 12.5cm

Cisticola juncidis

（イグサに関係のあるCistusという小木にすむもの）

①キマユムシクイ 黄眉虫喰 10.5cm
Phylloscopus inornatus
（飾りのない葉の観察者）

②カラフトムシクイ
樺太虫喰 10cm
Phylloscopus proregulus
（キクイタダキに近い葉の観察者）

⑤エゾムシクイ 蝦夷虫喰 11.5cm
Phylloscopus borealoides
（メボソムシクイに似た葉の観察者）

⑥センダイムシクイ
仙台虫喰 12.5cm
Phylloscopus coronatus
（冠のある葉の観察者）

③メボソムシクイ
目細虫喰 13cm
Phylloscopus borealis
（北方の葉の観察者）

④ヤナギムシクイ 柳虫喰 9.5〜11cm
Phylloscopus trochiloides（キタヤナギムシクイに似た葉の観察者）

⑦イイジマムシクイ
飯島虫喰 11.5cm
Phylloscopus ijimae
（動物学者 飯島魁氏にちなむ葉の観察者）

私が日本で最も小さい鳥です
クリッとした目、小さなクチバシがとってもカワイイのです♡
野外ではなかなか赤い部分は見えない
ちょこまか
ちょこまか
♂
キクイタダキ
菊戴 10cm
Regulus regulus
（小さな王様）
♀
メスの頭頂には赤はない
針葉樹の林を好む
スズメ目
ヒタキ科
マダラヒタキ
斑鶲 13cm
Ficedula hypoleuca
迷鳥
♂夏羽
第1回冬羽
キビタキ 黄鶲 13.5cm
Ficedula narcissina
（スイセンのようなイチジクを好む鳥）
♀
♪
ペタ ペタ
文字どおりマユが白い
マミジロキビタキ
眉白黄鶲 13cm
Ficedula zanthopygia
（黄色い尻のイチジクを好む鳥）
♂
♀
ノドはオレンジ色してる
ペタ ペタ
♂
いい声でさえずるヨ
メスはとても地味な色

ムギマキ 麦蒔 13cm
Ficedula mugimaki
(ムギマキというイチジクを好む鳥)

オオルリ 大瑠璃 16.5cm
Cyanoptila cyanomelana
(青と黒の青い羽の鳥)

日本三鳴鳥のひとつ
(ウグイス、コマドリ)

♂
青い体が美しい

メスは地味

♂幼鳥

オジロビタキ
尾白鶲 11.5cm
Ficedula parva
(小さなイチジクを好む鳥)

ここがオジロ

迷鳥

ミヤマヒタキ
深山鶲 12.5cm
Muscicapa ferruginea
(サビ色のハエをとるもの)

サメビタキ 鮫鶲 13.5cm
Muscicapa sibirica
(シベリアのハエをとるもの)

羽色が鮫皮の色に似てるから

コサメビタキ 小鮫鶲 13cm
Muscicapa dauurica

エゾビタキ 蝦夷鶲 14.5cm
Muscicapa griseisticta
(灰色の斑点のあるハエをとるもの)

サンコウチョウ 三光鳥 ♂44.5cm ♀17.5cm
Terpsiphone atrocaudata
(黒い尾をもった楽しい歌の歌い手)

スズメ目	カササギヒタキ科

さえずりは『月・日・星ホイホイホイ』で、3つの光、なので三光鳥なのです。

スズメ目｜エナガ科

エナガ 柄長 13.5cm
Aegithalos caudatus
（長い尾をもつカラ）

スズメ目｜ツリスガラ科

ツリスガラ
吊巣雀 11cm
Remiz pendulinus
（つり下った巣をつくる鳥）

スズメ目｜シジュウカラ科

ハシブトガラ 嘴太雀 12.5cm
Parus palustris
（沼地のカラ）

コガラ 小雀 12.5cm
Parus montanus
（山のカラ）

ヒガラ 日雀 11cm
Parus ater
(黒いカラ)
ヤマガラ 山雀 14cm
Parus varius
(色変りのカラ)
ヒック
顔が赤い
亜種オーストンヤマガラ
ルリガラ 瑠璃雀 13cm
Parus cyanus
(青いカラ)
迷鳥
黒のネクタイが
目印
ほおが白いけど
ホオジロじゃないヨ
♂
オレ
ホオジロ
メスのネクタイは
細いヨ
♀
幼鳥
シジュウカラ
四十雀 14.5cm
Parus major
(大きいカラ)
背の上が
黄緑色で
キレイ
スズメ目 ゴジュウカラ科
頭を下にして木の幹を
下りることが
できるゾ
ゴジュウカラ 五十雀 13.5cm
Sitta europaea
(ヨーロッパのゴジュウカラ)

スズメ目 キバシリ科

エサ取り行動
翼に黄色の斑

キバシリ 木走 13.5cm
Certhia familiaris

スズメ目 メジロ科

メジロ 目白 12cm
Zosterops japonicus
（日本の輪のある目をした鳥）

花のミツ大すき♡

聞きなし
長忠長忠長
兵兵兵
衛衛衛

白いメガネが目立つ

めじろおし

スズメ目 ミツスイ科

メグロ 目黒 13.5cm
Apalopteron familiare

日本特産種
小笠原諸島の
母島列島に分布

あやしい黒仮面

パパイヤ大好き→

チョウセンメジロ
朝鮮目白 11cm
Zosterops erythropleurus
（赤いわきの輪のある目をした鳥）

スズメ目 ホオジロ科

よく目立つ冠 ← 迷鳥

レンジャクノジコ
連雀野路子 16.5〜17.5
Melophus lathami
← オスに比べ小さめの冠
太めのクチバシ
♀

迷鳥

シラガホオジロ
白髪頬白 17cm
Emberiza leucocephalos
（白い頭のホオジロ）
♀
♂ 冬羽
♂ 夏羽

キアオジ 黄青鵐 16cm
Emberiza citrinella
（レモン色のホオジロ）

ホオジロ
頬白 16.5cm
Emberiza cioides
（ハイガシラホオジロ（ヨーロッパ産）に似たホオジロ）
オスは見晴しのよい木のテッペンなどでさえずる
♂
聞きなし
『一筆啓上仕り候』
『源平ツツジ白ツツジ』
…など
♀

イワバホオジロ
岩場頬白 15cm
Emberiza buchanani
迷鳥

ズアオホオジロ
頭青頬白 17cm
Emberiza hortulana
(庭園のホオジロ)

迷鳥

コジュリン 小寿林 14.5cm
Emberiza yessoensis
(蝦夷産のホオジロ)

頭がま黒なのでナベカムリの別名も…
↑夏羽
ナベはかぶっていない×ス

シロハラホオジロ
白腹頬白 15cm
Emberiza tristrami
(H.B.Tristramさんにちなむホオジロ)

白黒シマシマの顔

ホオアカ 頬赤 16cm
Emberiza fucata
(採色された頬のホオジロ)

ほろ酔い気分♡
酒

コホオアカ 小頬赤 12.5cm
Emberiza pusilla
(非常に小さいホオジロ)

ホオジロの仲間の中で一番小さい

キマユホオジロ 黄眉頬白 15.5cm
Emberiza chrysophrys
(金色の眉のホオジロ)

カシラダカ 頭高 15cm
Emberiza rustica
(田舎のホオジロ)

冠羽をたたむと ぺたっ
頭が高い鳥

冬羽
♂夏羽

ミヤマホオジロ 深山頬白 15.5cm
Emberiza elegans
(優雅なホオジロ)

つっぱり頭にデカサングラス？
黄色い顔が美しい
♂　♀

シマアオジ 島青鵐 14cm
Emberiza aureola
(金色のホオジロ)

黒い顔したダルマみたい
♂　♀

シマノジコ 島野路子 13.5cm
Emberiza rutila
(赤く輝くホオジロ)

茶色のカッパ
サッ
♂　♀

129

ズグロチャキンチョウ
頭黒茶金鳥　16cm
Emberiza melanocephala
（黒い頭のホオジロ）

迷鳥

チャキンチョウ 茶金鳥　16cm
Emberiza bruniceps

迷鳥

ノジコ 野路子　14cm
Emberiza sulphurata
（硫黄色のホオジロ）

名前がカワイイね
←白いアイリング
アオジによく似てるヅ

クロジ 黒鵐　17cm
Emberiza variabilis
（変化にとんだホオジロ）

♂
オスは影みたいなヤツ
♀
暗い所が好きな暗いヤツなのだ.

アオジ 青鵐　16cm
Emberiza spodocephala
（灰色の頭をしたホオジロ）

♀
目の先は黒くない
♂
シベリアアオジ（亜種）

アオジ、クロジがいるならアカジも…？
いない!!
マカジ

シベリアジュリン
シベリア寿林　14cm
Emberiza pallasi
(Pallas氏にちなんだホオジロ)

オオジュリン　大寿林　16cm
Emberiza schoeniclus
(アシ原にすむホオジロ)

ツメナガホオジロ
爪長頬白　15.5cm
Calcarius lapponicus
(北欧ラプランド地方のけづめのような長いツメの鳥)

ユキホオジロ雪頬白　16cm
Plectrophenax nivalis
(けづめを誇示する、雪のような白い鳥)

132

アトリ 花鶏 16cm
Fringilla montifringilla
(山のアトリ)

♂夏羽

オレンジ色のベストが目立つ

大群になることがあるヨ

♂冬羽

♀

マヒワ 真鶸 12.5cm
Carduelis spinus
(アザミを好む 小さな鳥)

ダンディー(?)な 帽子とあごヒゲ ♂

チュイーン！ チュイーン！

♀ メスは帽子もヒゲもない.

ハンノキの種が大好き.

カワラヒワ
河原鶸 14.5cm
Carduelis sinica
(中国の アザミを好む鳥)

ヒマワリの種が大好き♡

キリコロ キリコロ

ビーン

オスのさえずり

飛ぶと翼の黄色が目立つ

尾羽は凹型

♀

冬には群れになることが多い

メスはオスに比べ全体に色が淡い

ゴシキヒワ
五色鶸 14cm
Carduelis carduelis
（アザミを好む鳥）
ハデな色の鳥だな〜.
カゴ抜け鳥の可能性もあるとか…
頭が黒くないタイプもいるヨ
迷鳥
ベニヒワ 紅鶸 13.5cm
Carduelis flammea
（炎色のアザミを好む鳥）
ダラダラ
ゴン
♀
♂
まるで血まみれ状態
ベニヒワ
コベニヒワ
腰が白い
コベニヒワ
小紅鶸 13cm
Carduelis hornemanni
（Jen.Wilken Hornemann氏にちなんだ, アザミを好む鳥）
イタッ
腰が白
迷鳥
ベニヒワに比べ色白
黒っぽい体にバラ色の模様が妖しい.
♂
ハギマシコ 萩猿子 16cm
Leucosticte arctoa
（北極の白い斑点のある鳥）
お〜〜、なつかしのポスト
♂
まーっ、見事な赤♡
♀
メスはじみな色
アカマシコ 赤猿子 14cm
Carpodacus erythrinus
（果物をかむ 赤い鳥）

ギンザンマシコ
銀山猿子 20cm
Pinicola enucleator
（仁を取り出す，松にすむ鳥）

イスカ
交喙 16.5cm
Loxia curvirostra
（曲った嘴が交差してる鳥）

ナキイスカ
鳴交喙 15cm
Loxia leucoptera
（白い翼の嘴が交差してる鳥）

オガサワラマシコ
小笠原猿子 18.5cm
Chaunoproctus ferreorostris
（鉄色の嘴をした広い尾の鳥）

オオマシコ 大猿子 17.5cm
Carpodacus roseus
(果物をかむ バラ色の鳥)
オスに比べ今イチ熟し方が足りない
♀
おいしそう♡
♂
見事に赤く熟した体
ベニマシコ 紅猿子 15cm
Uragus sibiricus
(シベリアの後衛隊長)
♂
夏羽
短いクチバシがカワイイ♡
おいしそうな色
♀
ちょっとマズソ〜な(?)色
♂
冬羽
ボテッ
ウソ 鷽 15.5cm
Pyrrhula pyrrhula
(炎色の鳥)
フィー
フィー
フィー
♀
赤いヨダレかけがカワイイ
♂
メスはヨダレかけをしてない
亜種
アカウソ
ベニバラウソ
丈夫で大きなクチバシ、夏羽では鉛色してる
正面顔コワイ
太めの体形
バキッ
翼の一部がちょっとかわった形してる
冬羽ではクチバシは肉色
シメ 鴲 18cm
Coccothraustes coccothraustes
(穀物を打砕くもの)

コイカル 小桑鳲、小鵤 18.5cm

Eophona migratoria

（暁に鳴く渡り鳥）

イカル 桑鳲、鵤 23cm

Eophona personata

（仮面をかぶった暁に鳴く鳥）

スズメ目	ハタオリドリ科

イエスズメ 家雀 16cm

Passer domesticus

（家のスズメ）

ニュウナイスズメ 入内雀 14cm

Passer rutilans

（黄赤色のスズメ）

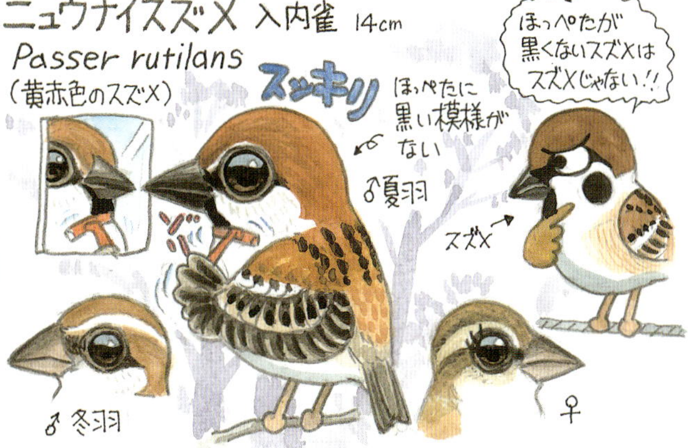

ちゅんちゅん

誰でも知ってる身近な野鳥 なすびの大好きな鳥でもある。

チョコレート色の頭がおいしそう。

鳥の識別の基準となるものさし鳥です。

人家から離れられないのだ

スズメ 雀 14.5cm
Passer montanus
（山のスズメ）……日本では山のスズメじゃないゾ

幼鳥

砂浴びが大好き♡

スズメ目 ムクドリ科

ミドリカラスモドキ 緑鴉擬 17〜20cm
Aplonis panayensis

や〜いカラスモドキ

カラスモドキがい…誰がつけたんじゃ

ピカピカした緑色の背がキレイ

オレガモドキ

カラス

迷鳥
（カゴ抜けの可能性もあり）

ギンムクドリ 銀椋鳥 24cm
Sturnus sericeus
（絹のようなムクドリ）

銀色の体が美しい.

シベリアムクドリ
シベリア椋鳥 16.5cm
Sturnus sturninus
(ムクドリみたいなムクドリ…)

コムクドリ 小椋鳥 19cm
Sturnus philippensis
(フィリピン産のムクドリ)

カラムクドリ 唐椋鳥 19cm
Sturnus sinensis
(中国産のムクドリ)

バライロムクドリ 薔薇色椋鳥 22cm
Sturnus roseus
(バラ色のムクドリ)

ホシムクドリ 星椋鳥 21cm
Sturnus vulgaris
(普通のムクドリ)

ムクドリ 椋鳥 24cm
Sturnus cineraceus
(灰色のムクドリ)

スズメ目 | コウライウグイス科

コウライウグイス 高麗鶯 26cm
Oriolus chinensis
（中国産の金色の鳥）

スズメ目 | オウチュウ科

オウチュウ 鳥秋 28cm
Dicrurus macrocercus
（長い尾のオウチュウ類）

カンムリオウチュウ
冠鳥秋 32cm
Dicrurus hottentottus

ハイイロオウチュウ
灰色鳥秋 28cm
Dicrurus leucophaeus
（灰白色のオウチュウ類）

スズメ目 モリツバメ科

モリツバメ 森燕 17.5cm
Artamus leucorhynchus
（白い嘴の屠殺者）

腰は白い

丈夫そうなクチバシが
ツバメの仲間とはちがう

迷鳥
西表島で2回の記録
（1973年、1986年）のみ

スズメ目 カラス科

カケス 懸巣 33cm
Garrulus glandarius
（ドングリ好きのおしゃべり）

ふわふわ

ゴマシオ頭

青と白と黒の
模様がキレイ

ジェイ ジェイ Jay

亜種
ミヤマカケス
（北海道に分布）
頭や目の色が
カケスと違う

他の鳥などの
モノマネが上手

ピュウ

カケスを
見ると
なんとなく
シアワセになる
なすびであった

ルリカケス 瑠璃懸巣 38cm
Garrulus lidthi
（Lidth氏にちなむおしゃべりな鳥）

日本
固有種

白っぽい
嘴がブキミ

群青色と赤茶色の
体がハデハデ

奄美大島と
その周囲の島
だけに分布

オナガ 尾長 37cm
Cyanopica cyana
(青いカササギ)

カササギ 鵲 45cm
Pica pica
(カササギ)

ホシガラス 星鴉・星烏 34.5cm
Nucifraga caryocatactes
(木の実をくだくもの…クルミ割り器)

ニシコクマルガラス
西黒丸鴉 33cm
Corvus monedula
（ニシコクマルガラス）

コクマルガラスに似るが目が白い

日本では迷鳥で2例しか記録されてない

黒くて丸いカラス？

ハッキヨッ

コクマルガラス
黒丸鴉 33cm
Corvus dauuricus

淡色型（成鳥？）

暗色型（幼鳥？）

エプロン姿がきになる♡

中間型

イエガラス
家鴉 43cm
Corvus splendens
（輝いてるカラス）

迷鳥？
カゴ抜け？
船で入国した可能性が高いとか...

ミヤマガラス
深山鴉 47cm
Corvus frugilegus
（果実を集めるカラス）

ドロではありません皮膚です

幼鳥の嘴基部は黒い

ガァー

群れで生活

ハシボソガラス
嘴細鴉 50cm
Corvus corone
(カーカー鳴くカラス)
ハシブトガラスに
比べ少し小さい
にごった
鳴声
ガァ
ガァ
丈夫そうな
嘴
嘴の
太さがちがう
ハシブトガラス
嘴太鴉 56.5cm
Corvus macrorhynchos
(大きな嘴のカラス)
カァカァ
どーも
正面姿は
なんとも
人間っぽい
のだ
ワタリガラス
渡鴉 61cm
Corvus corax
(大形のカラス)
スズメ目
最大の鳥
亜種
オサハシブトガラス
八重山諸島に分布
嘴は細く体も小さい
(ん?じゃあハシボソガラスじゃん?)
ちょっと
デカ過ぎ
では?
どーせ
オレは
キラワレモノよ
く……
ゲッ…
マズそう
ゴミを
あらさないで…

野生化した飼い鳥（外来種、家禽）

カモ目 カモ科

コクチョウ 黒鳥 115〜140cm
Cygnus atratus
（黒いハクチョウ）

ダイエットするか…

シナガチョウ 支那鵞鳥
Anser cygnoides var. domesticus
（家にいるハクチョウのようなガン）

何が入っているんだ？
痛そうなコブ
白いのもいるよ
中国でサカツラガンを改良してつくられた家禽
うるさく鳴く

ガァーガァー
え…ナンかヘン！？

ツールーズガチョウ ツールーズ鵞鳥
Anser anser var. domesticus
（家にいるガン）
フランスでハイイロガンを改良してつくられた家禽
ハイイロガンの3倍の体重

エジプトガン エジプト雁 71〜73cm
Alopochen aegyptiaca
顔つきがコワイ…

アヒル 家鴨（鶩）
Anas platyrhynchos var. domestica
（家にいる広い嘴のカモ）
中国でマガモを改良してつくられた家禽
アオクビアヒル
太ったマガモ
シロアヒル

アメリカオシ アメリカ鴛鴦
Aix sponsa 43〜51cm
（花嫁姿の水かきのある鳥）
迫力ある顔の模様だなぁ〜

バリケン 番鴨
Cairina moschata var. domestica 66〜84cm
バリケンを改良してつくられた家禽
顔のコブから強い臭気を発するとか…

ハト目 ハト科

ドバト 土鳩 33cm
Columba livia Gmelin
ハトにエサをあげないで
おなじみのハト
カワラバトを改良したもの

オウム目 インコ科

セキセイインコ 背黄青鸚哥 18.5cm
Melopsittacus undulatus
（波模様のメロンオウム）
♀ ♂ 鼻の色がちがう

ワカケホンセイインコ 輪掛本青鸚哥 40.5cm
Psittacula krameri
私の住んでる所沢にもいます。

スズメ目 ヒヨドリ科

コウラウン 紅羅雲 20cm
Pycnonotus jocosus
ほっぺの赤い斑がカワイイ
見事なカンムリ

スズメ目 チメドリ科
カオグロガビチョウ
顔黒畫眉鳥 30cm
Garrulax perspicillatus
ギュビュ
火の玉みたいな目のまわりの模様
とにかくうるさいさえずり
ガビチョウ 畫眉鳥 24cm
Garrulax canorus
(うるさく鳴くやつ)
ソウシチョウ
想思鳥 15cm
Leiothrix lutea
色も鳴き声も美しいのです♪
ヘキチョウ 碧鳥 10cm
Lonchura maja
スズメ目 ホオジロ科
コウカンチョウ
紅冠鳥 18.5cm
Paroaria coronata
スズメ目 カエデチョウ科
ベニスズメ 紅雀 9.5cm
Amandava amandava
酔っ払いの顔してます
ホウコウチョウ
頬紅鳥 9.5cm
Estrilda melpoda
コシジロキンパラ 腰白金腹 11cm
Lonchura striata
あ〜 イイ〜♡
ペタ
サロンパス
シマキンパラ(アミハラ)
縞金腹(網腹) 11cm
Lonchura punctulata
白粉つけすぎ?
ギンパラ
腹が白くないのはキンパラと呼ばれる
ギンパラ
銀腹 11cm
Lonchura malacca
ブンチョウ 文鳥 15cm
Padda oryzivora
カエデチョウ 楓鳥 9.5cm
Estrilda troglodytes
スズメ目 ハタオリドリ科
テンニンチョウ 天人鳥 ♂25cm ♀12cm
Vidua macroura
(長い尾の未亡人)
豪華な衣装
キンランチョウ 金蘭鳥 13cm
Euplectes franciscanus
オウゴンチョウ
黄金鳥 10〜14cm
Euplectes afer
999.9
スズメ目 ムクドリ科
インドハッカ インド八哥 23cm
Acridotheres tristis
ハッカチョウ 八哥鳥 26cm
Acridotheres cristatellus
額がバクハツ
ちょっとワルそうな顔つき
ジャワハッカ ジャワ八哥 23〜25cm
Acridotheres javanicus

さくいん

【ア】

アイスランドカモメ	73
アオアシシギ	61
アオゲラ	95
アオサギ	20
アオジ	130
アオシギ	66
アオショウビン	93
アオツラカツオドリ	13
アオバズク	91
アオバト	87
アカアシカツオドリ	13
アカアシシギ	61
アカアシチョウゲンボウ	43
アカアシミズナギドリ	9
アカアシミツユビカモメ	75
アカエリカイツブリ	5
アカエリヒレアシシギ	68
アカオネッタイチョウ	12
アカガシラサギ	18
アカゲラ	97
アカコッコ	113
アカショウビン	93
アカツクシガモ	25
アカハシハジロ	30
アカハジロ	31
アカハラ	114
アカハラダカ	38
アカヒゲ	108
アカマシコ	134
アカモズ	105
アサクラサンショウクイ	104
アジサシ	77
アシナガウミツバメ	10
アシナガシギ	58
アトリ	133
アナドリ	8
アネハヅル	47
アビ	4
アヒル	146
アホウドリ	6
アマサギ	18
アマツバメ	92
アマミヤマシギ	65
アメリカウズラシギ	56
アメリカオオハシシギ	60
アメリカオシ	146
アメリカズグロカモメ	70
アメリカヒドリ	28
アメリカヒレアシシギ	68
アメリカホシハジロ	30
アメリカムナグロ	54
アラナミキンクロ	33
アリスイ	95
イイジマムシクイ	120
イエガラス	144
イエスズメ	137
イカル	137
イカルチドリ	52
イスカ	135
イソシギ	63
イソヒヨドリ	112
イナダヨシキリ	118
イナバヒタキ	111
イヌワシ	40
イワツバメ	100
イワバホオジロ	127
イワヒバリ	107
イワミセキレイ	100
インドガン	23

インドハッカ……………… 147	エリグロアジサシ……………… 78	オオハシシギ……………… 60
ウィルソンアメリカムシクイ …… 132	エリマキシギ……………… 59	オオハム……………… 4
ウグイス……………… 116	オウゴンチョウ……………… 147	オオバン……………… 50
ウズラ……………… 44	オウチュウ……………… 141	オオホシハジロ……………… 31
ウズラシギ……………… 57	オオアカゲラ……………… 97	オオマシコ……………… 136
ウソ……………… 136	オオアジサシ……………… 77	オオミズナギドリ……………… 9
ウタツグミ……………… 115	オオカラモズ……………… 106	オオメダイチドリ……………… 53
ウチヤマセンニュウ……………… 117	オオキアシシギ……………… 62	オオモズ……………… 106
ウトウ……………… 84	オオクイナ……………… 48	オオヨシキリ……………… 118
ウミアイサ……………… 35	オオグンカンドリ……………… 15	オオヨシゴイ……………… 16
ウミウ……………… 14	オオコノハズク……………… 91	オオルリ……………… 122
ウミオウム……………… 83	オオジシギ……………… 66	オオワシ……………… 37
ウミガラス……………… 81	オオジュリン……………… 131	オガサワラガビチョウ……………… 112
ウミスズメ……………… 82	オオシロハラミズナギドリ……………… 7	オガサワラカラスバト……………… 85
ウミネコ……………… 74	オオズグロカモメ……………… 70	オガサワラマシコ……………… 135
ウミバト……………… 81	オーストンウミツバメ……………… 11	オカヨシガモ……………… 28
エジプトガン……………… 146	オオセグロカモメ……………… 72	オガワコマドリ……………… 109
エゾセンニュウ……………… 117	オオセッカ……………… 116	オグロシギ……………… 63
エゾビタキ……………… 123	オオソリハシシギ……………… 64	オシドリ……………… 26
エゾムシクイ……………… 120	オオタカ……………… 37	オジロトウネン……………… 56
エゾライチョウ……………… 44	オオチドリ……………… 53	オジロビタキ……………… 122
エトピリカ……………… 84	オオトウゾクカモメ……………… 69	オジロワシ……………… 37
エトロフウミスズメ……………… 83	オオノスリ……………… 39	オナガ……………… 143
エナガ……………… 124	オオハクチョウ……………… 25	オナガガモ……………… 29

オナガミズナギドリ	9	カラフトアオアシシギ	62	キクイタダキ	121
オニアジサシ	76	カラフトムシクイ	120	キジ	45
オバシギ	58	カラフトムジセッカ	119	キジバト	86
オリイモズ	106	カラフトワシ	40	キセキレイ	101
		カラムクドリ	139	キタタキ	96

【カ】

カイツブリ	5	カリガネ	23	キタホオジロガモ	34
カエデチョウ	147	カルガモ	27	キタヤナギムシクイ	118
カオグロガビチョウ	147	カワアイサ	35	キバシリ	126
カケス	142	カワウ	14	キバラムシクイ	119
カササギ	143	カワガラス	107	キビタキ	121
カシラダカ	129	カワセミ	94	キマユホオジロ	128
カタグロトビ	36	カワラヒワ	133	キマユムシクイ	120
カタシロワシ	40	カワリシロハラミズナギドリ	7	キョウジョシギ	55
カツオドリ	13	カンムリウミスズメ	82	キョクアジサシ	78
カッコウ	88	カンムリオウチュウ	141	キリアイ	59
カナダカモメ	73	カンムリカイツブリ	5	キレンジャク	106
カナダヅル	47	カンムリカッコウ	89	キンクロハジロ	31
ガビチョウ	147	カンムリツクシガモ	26	ギンザンマシコ	135
カモメ	73	カンムリワシ	41	キンバト	87
カヤクグリ	107	キアオジ	127	ギンパラ	147
カラアカハラ	113	キアシシギ	63	ギンムクドリ	138
カラシラサギ	20	キアシセグロカモメ	72	キンメフクロウ	91
カラスバト	85	キガシラシトド	132	キンランチョウ	147
		キガシラセキレイ	101	クイナ	48

クサシギ……………………62	ケイマフリ…………………82	コグンカンドリ……………15
クビワカモメ………………74	ケリ…………………………55	コゲラ………………………97
クビワキンクロ……………31	ケワタガモ…………………32	コケワタガモ………………32
クビワコウテンシ…………98	コアオアシシギ……………61	コサギ………………………19
クマゲラ……………………96	コアカゲラ…………………97	コサメビタキ……………123
クマタカ……………………39	コアジサシ…………………79	コシアカツバメ…………100
クロアシアホウドリ………6	コアホウドリ………………6	コシギ………………………67
クロアジサシ………………80	コイカル…………………137	ゴシキヒワ………………134
クロウタドリ……………113	ゴイサギ……………………17	コシジロアジサシ…………78
クロウミツバメ……………11	コウカンチョウ…………147	コシジロイソヒヨドリ…111
クロガモ……………………33	コウノトリ…………………21	コシジロウミツバメ………11
クロコシジロウミツバメ…11	コウミスズメ………………83	コシジロキンパラ………147
クロサギ……………………20	コウライアイサ……………35	コシャクシギ………………65
クロジ……………………130	コウライウグイス………141	ゴジュウカラ……………125
クロジョウビタキ………110	コウライクイナ……………48	コジュケイ…………………45
クロツグミ………………113	コウラウン………………146	コジュリン………………128
クロツラヘラサギ…………21	コオバシギ…………………58	コスズガモ…………………32
クロヅル……………………46	コオリガモ…………………34	コチドリ……………………52
クロトウゾクカモメ………69	コガモ………………………27	コチョウゲンボウ…………43
クロトキ……………………22	コガラ……………………124	コノドジロムシクイ……118
クロノビタキ……………110	コキアシシギ………………62	コノハズク…………………90
クロハゲワシ………………40	コクガン……………………22	コハクチョウ………………25
クロハラアジサシ…………76	コクチョウ………………146	コバシチドリ………………54
ケアシノスリ………………38	コクマルガラス…………144	ゴビズキンカモメ…………74

コヒバリ……………… 98	サンコウチョウ……… 123	シラガホオジロ……… 127
コブハクチョウ……… 24	サンショウクイ……… 104	シラコバト…………… 86
コベニヒワ…………… 134	シジュウカラ………… 125	シラヒゲウミスズメ… 83
コホオアカ…………… 128	シジュウカラガン…… 22	シロアジサシ………… 80
コマドリ……………… 108	シナガチョウ………… 146	シロエリオオハム…… 4
ゴマフスズメ………… 132	シノリガモ…………… 33	シロガシラ…………… 104
コマミジロタヒバリ… 102	シベリアオオハシシギ… 60	シロカモメ…………… 73
コミズナギドリ……… 10	シベリアジュリン…… 131	シロチドリ…………… 53
コミミズク…………… 90	シベリアセンニュウ… 117	シロハヤブサ………… 42
コムクドリ…………… 139	シベリアムクドリ…… 139	シロハラ……………… 114
コモンシギ…………… 59	シマアオジ…………… 129	シロハラクイナ……… 49
コヨシキリ…………… 117	シマアジ……………… 29	シロハラチュウシャクシギ… 64
コルリ………………… 109	シマキンパラ………… 147	シロハラトウゾクカモメ… 69
	シマクイナ…………… 49	シロハラホオジロ…… 128
【サ】	シマゴマ……………… 108	シロハラミズナギドリ… 8
サカツラガン………… 24	シマセンニュウ……… 117	シロビタイジョウビタキ… 110
サケイ………………… 85	シマノジコ…………… 129	シロフクロウ………… 89
ササゴイ……………… 18	シマフクロウ………… 90	ズアオアトリ………… 132
サシバ………………… 39	シメ…………………… 136	ズアオホオジロ……… 128
サバクヒタキ………… 111	ジャワハッカ………… 147	ズアカアオバト……… 87
サバンナシトド……… 132	ジュウイチ…………… 87	ズグロカモメ………… 74
サメビタキ…………… 123	ショウドウツバメ…… 99	ズグロチャキンチョウ… 130
サルハマシギ………… 58	ジョウビタキ………… 110	ズグロミゾゴイ……… 17
サンカノゴイ………… 16	シラオネッタイチョウ… 12	ズグロヤイロチョウ… 98

スズガモ……32	ダイゼン……54	ツグミ……115
スズメ……138	タカサゴクロサギ……17	ツツドリ……88
セイタカシギ……67	タカサゴモズ……106	ツノメドリ……84
セキセイインコ……146	タカブシギ……62	ツバメ……100
セグロアジサシ……79	タゲリ……55	ツバメチドリ……68
セグロカッコウ……88	タシギ……66	ツミ……38
セグロカモメ……72	タヒバリ……103	ツメナガセキレイ……101
セグロサバクヒタキ……111	タマシギ……51	ツメナガホオジロ……131
セグロセキレイ……102	ダルマエナガ……116	ツリスガラ……124
セグロミズナギドリ……10	タンチョウ……46	ツルクイナ……50
セジロタヒバリ……102	チゴハヤブサ……42	ツルシギ……61
セスジコヨシキリ……118	チゴモズ……105	テンニンチョウ……147
セッカ……119	チシマウガラス……14	トウゾクカモメ……69
センダイムシクイ……120	チシマシギ……57	トウネン……56
ゾウゲカモメ……75	チフチャフ……119	トキ……22
ソウゲンワシ……40	チャキンチョウ……130	ドバト……146
ソウシチョウ……147	チュウサギ……19	トビ……36
ソデグロヅル……47	チュウジシギ……66	トモエガモ……27
ソリハシシギ……63	チュウシャクシギ……64	トラツグミ……112
ソリハシセイタカシギ……67	チュウヒ……41	トラフズク……89
	チョウゲンボウ……43	
【タ】	チョウセンメジロ……126	**【ナ】**
ダイサギ……19	ツールーズガチョウ……146	ナキイスカ……135
ダイシャクシギ……64	ツクシガモ……26	ナキハクチョウ……24

ナベコウ ……………… 21	ハイイロミズナギドリ ……… 9	ハチクマ ……………… 36
ナベヅル ……………… 47	ハイタカ ……………… 38	ハッカチョウ ………… 147
ナンヨウショウビン …… 94	ハギマシコ …………… 134	ハマシギ ……………… 57
ナンヨウマミジロアジサシ … 79	ハクガン ……………… 24	ハマヒバリ …………… 99
ニシコクマルガラス …… 144	ハクセキレイ ………… 101	ハヤブサ ……………… 42
ニシセグロカモメ ……… 71	ハグロシロハラミズナギドリ … 8	バライロムクドリ …… 139
ニュウナイスズメ …… 137	ハシグロクロハラアジサシ … 76	ハリオアマツバメ …… 92
ノガン ………………… 51	ハシグロヒタキ ……… 111	ハリオシギ …………… 66
ノグチゲラ …………… 96	ハシジロアビ ………… 4	バリケン ……………… 146
ノゴマ ………………… 109	ハシビロガモ ………… 30	ハリモモチュウシャク … 65
ノジコ ………………… 130	ハシブトアジサシ ……… 77	ハワイシロハラミズナギドリ … 8
ノスリ ………………… 39	ハシブトウミガラス …… 81	バン …………………… 50
ノドグロツグミ ……… 114	ハシブトオオヨシキリ … 118	バンケン ……………… 89
ノハラツグミ ………… 115	ハシブトガラ ………… 124	ヒガラ ………………… 125
ノビタキ ……………… 110	ハシブトガラス ……… 145	ヒクイナ ……………… 49
	ハシブトゴイ ………… 18	ヒゲガラ ……………… 116
【ハ】	ハシボソカモメ ……… 71	ヒシクイ ……………… 23
ハイイロアジサシ ……… 80	ハシボソガラス ……… 145	ヒドリガモ …………… 28
ハイイロウミツバメ …… 10	ハシボソミズナギドリ … 10	ヒバリ ………………… 99
ハイイロオウチュウ … 141	ハジロカイツブリ ……… 5	ヒバリシギ …………… 56
ハイイロガン ………… 23	ハジロクロハラアジサシ … 76	ヒマラヤアナツバメ …… 92
ハイイロチュウヒ ……… 41	ハジロコチドリ ……… 52	ヒメアマツバメ ……… 92
ハイイロヒレアシシギ … 68	ハジロミズナギドリ …… 7	ヒメイソヒヨ ………… 112
ハイイロペリカン ……… 12	ハチクイ ……………… 94	ヒメウ ………………… 14

ヒメウズラシギ……… 56	ベニスズメ……… 147	マダラシロハラミズナギドリ…… 7
ヒメウミスズメ……… 81	ベニバト……… 86	マダラチュウヒ……… 41
ヒメカモメ……… 70	ベニヒワ……… 134	マダラヒタキ……… 121
ヒメクイナ……… 49	ベニマシコ……… 136	マナヅル……… 47
ヒメクビワカモメ……… 75	ヘラサギ……… 21	マヒワ……… 133
ヒメクロアジサシ……… 80	ヘラシギ……… 59	マミジロ……… 113
ヒメクロウミツバメ……… 11	ベンガルアジサシ……… 77	マミジロアジサシ……… 79
ヒメコウテンシ……… 98	ホウコウチョウ……… 147	マミジロキビタキ……… 121
ヒメシロハラミズナギドリ…… 8	ホウロクシギ……… 64	マミジロクイナ……… 49
ヒメチョウゲンボウ……… 43	ホオアカ……… 128	マミジロタヒバリ……… 102
ヒメノガン……… 51	ホオジロ……… 127	マミチャジナイ……… 114
ヒメハジロ……… 34	ホオジロガモ……… 34	ミカヅキシマアジ……… 29
ヒメハマシギ……… 55	ホシガラス……… 143	ミカドガン……… 24
ヒメモリバト……… 85	ホシハジロ……… 30	ミコアイサ……… 34
ヒヨドリ……… 104	ホシムクドリ……… 140	ミサゴ……… 36
ヒレンジャク……… 106	ホトトギス……… 88	ミゾゴイ……… 17
ビロードキンクロ……… 33	ボナパルトカモメ……… 70	ミソサザイ……… 107
ビンズイ……… 103		ミツユビカモメ……… 75
フクロウ……… 91	【マ】	ミドリカラスモドキ……… 138
ブッポウソウ……… 95	マガモ……… 27	ミナミオナガミズナギドリ…… 9
フルマカモメ……… 7	マガン……… 23	ミナミメンフクロウ……… 92
ブンチョウ……… 147	マキノセンニュウ……… 117	ミフウズラ……… 46
ヘキチョウ……… 147	マキバタヒバリ……… 103	ミミカイツブリ……… 5
ベニアジサシ……… 78	マダラウミスズメ……… 82	ミヤコショウビン……… 94

ミヤコドリ……………… 52
ミヤマガラス…………… 144
ミヤマシトド…………… 132
ミヤマヒタキ…………… 122
ミヤマホオジロ………… 129
ミユビゲラ……………… 97
ミユビシギ……………… 58
ムギマキ………………… 122
ムクドリ………………… 140
ムジセッカ……………… 119
ムナグロ………………… 54
ムネアカタヒバリ……… 103
ムラサキサギ…………… 20
メグロ…………………… 126
メジロ…………………… 126
メジロガモ……………… 31
メダイチドリ…………… 53
メボソムシクイ………… 120
メリケンキアシシギ…… 63
モズ……………………… 105
モモイロペリカン……… 12
モリツバメ……………… 142
モリムシクイ…………… 119

【ヤ】
ヤイロチョウ…………… 98
ヤツガシラ……………… 95
ヤドリギツグミ………… 115
ヤナギムシクイ………… 120
ヤブサメ………………… 116
ヤマガラ………………… 125
ヤマゲラ………………… 96
ヤマザキヒタキ………… 111
ヤマシギ………………… 65
ヤマショウビン………… 93
ヤマセミ………………… 93
ヤマドリ………………… 45
ヤマヒバリ……………… 107
ヤンバルクイナ………… 48
ユキホオジロ…………… 131
ユリカモメ……………… 71
ヨーロッパコマドリ…… 108
ヨーロッパチュウヒ…… 41
ヨーロッパトウネン…… 56
ヨーロッパビンズイ…… 103
ヨシガモ………………… 28
ヨシゴイ………………… 16
ヨタカ…………………… 92

【ラ】
ライチョウ……………… 44
リュウキュウガモ……… 25
リュウキュウカラスバト… 85
リュウキュウコノハズク… 90
リュウキュウツバメ…… 99
リュウキュウヨシゴイ… 16
ルリカケス……………… 142
ルリガラ………………… 125
ルリビタキ……………… 109
レンカク………………… 51
レンジャクノジコ……… 127

【ワ】
ワカケホンセイインコ… 146
ワキアカツグミ………… 115
ワシカモメ……………… 72
ワシミミズク…………… 89
ワタリアホウドリ……… 6
ワタリガラス…………… 145

参考文献

- 高野伸二ほか（2007）「フィールドガイド日本の野鳥　増補改訂版」日本野鳥の会
- 五百沢日丸、山形則男、吉野俊幸（2004）「日本の鳥550　山野の鳥　増補改訂版」文一総合出版
- 桐原政志、山形則男、吉野俊幸（2000）「日本の鳥550　水辺の鳥」文一総合出版
- 叶内拓哉、安部直哉、上田秀雄（1998）「山渓ハンディ図鑑7・日本の野鳥」山と渓谷社
- 日本鳥類保護連盟（1998）「鳥630図鑑」日本鳥類保護連盟
- 中村登流、中村雅彦（1995）「原色日本野鳥生態図鑑　陸鳥編」保育社
- 中村登流、中村雅彦（1995）「原色日本野鳥生態図鑑　水鳥編」保育社
- 内田清一郎（1983）「グリーンブックス96・鳥の学名」ニュー・サイエンス社
- 国松俊英（1995）「名前といわれ　日本の野鳥図鑑1・野山の鳥」偕成社
- 国松俊英（1995）「名前といわれ　日本の野鳥図鑑2・水辺の鳥」偕成社
- 宇田川竜男（1971）「標準原色図鑑全集18」保育社
- 吉井正（1988）「コンサイス鳥名事典」三省堂
- 菅原浩、柿澤亮三（1993）「図説　日本鳥名由来辞典」柏書房
- 田中秀央（1966）「羅和辞典」研究社
- 富士鷹なすび（1995）「なすびの野鳥図鑑」

※和名、学名、全長は「フィールドガイド日本の野鳥　増補改訂版」（日本野鳥の会）より。
　また、P146、P147については、「日本の鳥550　水辺の鳥」（文一総合出版）より。

ホンモノの野鳥を知り、親しむための 日本野鳥の会オリジナルグッズ

ハンディ図鑑「新・山野の鳥 改訂版」、「新・水辺の鳥 改訂版」

豊富なカラー図版による初心者向けポケットサイズの図鑑。環境や行動別に分かれているので、検索がしやすくなっています。

- ■「新・山野の鳥 改訂版」は約160種、「新・水辺の鳥 改訂版」は約150種を収録。
- ■新書判、各64ページ。
- ■解説：安西英明
- ■イラスト：谷口高司
- ●各600円＋税

「CD声でわかる山野の鳥」「CD声でわかる水辺の鳥　北や南の鳥」

ハンディ図鑑「新・山野の鳥 改訂版」「新・水辺の鳥 改訂版」に対応した鳴き声のCD。鳴き声の聞き分け方も解説。

- ■「CD声でわかる山野の鳥」は84種、約71分。「CD声でわかる水辺の鳥」は87種以上、約75分。
- ■録音編集：上田秀雄
- ●CD声でわかる山野の鳥　1,900円＋税
- ●CD声でわかる水辺の鳥 北や南の鳥　2,000円＋税

フィールドガイド日本の野鳥 増補改訂新版

日本で観察できる野鳥をほぼ全て網羅。分布図もあり、一目でその野鳥の習性が分かります。

- ■B6変形判、392ページ
- ■著：高野伸二（増補改訂新版著：安西英明、叶内拓哉、田仲謙介、渡部良樹、図版：谷口高司）
- ●3,600円＋税

CD鳴き声ガイド 日本の野鳥 6枚組

地域による鳴き声の違い、さえずり、地鳴き、メスの声など377種（亜種含む）、800以上のパターンを収録！

- ■編集構成：松田道生　■編集協力：竹森 彰
- ■ナレーション：畠山美和子
- ■収録時間（合計）：412分　●4,500円＋税

ぬりえでバードウォッチング

ぬりえは、その季節に見られる野鳥や、北海道で見られる野鳥、世界で見られる野鳥等様々。図鑑画家谷口高司によるぬりえで、正確さとぬりやすさを考えたつくりになっています。

- ■A4変形判、40ページ　■ぬりえ：11シート
- ■著：谷口高司　●1,200円＋税

野鳥トランプ 山野の鳥

54枚全て柄が違います。カードには、和名、学名、英名と全長を表示しています。

■イラスト：水谷高英
● 1,300円＋税

野鳥トランプ 水辺の鳥

54枚全て柄が違います。カードには和名、学名、英名と全長を表示しています。上記、山野の鳥と、混ぜ合わせて遊ぶこともできます。

■イラスト：水谷高英
● 1,300円＋税

野鳥シール　めだちたがりやさん・かくれんぼさん

野鳥の中には、大きな声や派手な模様で目立つ「めだちたがりやさん」と、なかなか姿を見せてくれない「かくれんぼさん」がいます。あなたのタイプはどちら？

■シール台紙サイズ：19.5×7cm
● 2種セット　600円＋税

販売のご案内

日本野鳥の会のオリジナル商品、観察用品、野鳥グッズや出版物のお求めには、通信販売が便利です。お支払いは「代金引換」、または"日本野鳥の会カード"など「クレジットカード」がご利用いただけます。

● バードウォッチング用品満載の「バードショップカタログ」ご希望の方には無料でお送りいたします。お気軽にご請求ください。
● バードショップオンライン「Wild Bird」
https://www.wbsj.org からどうぞ。「バードショップカタログ」掲載商品はもちろん、お買い得情報の発信やネット限定商品も販売します。

■カタログのご請求、通信販売のご注文・お問い合わせ

〒 141-0031 東京都品川区西五反田 3-9-23 丸和ビル
日本野鳥の会 普及室 販売出版グループ
ＴＥＬ：03-5436-2626（平日10：00〜17：00）
ＦＡＸ：03-5436-2636
E-mail：birdshop@wbsj.org

■直営店「バードショップ」

野鳥やバードウォッチングに関するグッズを販売しています。
営業時間：11：00〜17：00
定休日：日曜・祝日・
　　　　年末年始（12/29〜1/4）
TEL：03-5436-2624

東急目黒線「不動前」駅より徒歩約5分。

フィールドマナー

自然と人との共存を目指す自然保護団体である日本野鳥の会は、野鳥や自然に迷惑をかけないように自然に親しむ際の心構えとして、フィールドマナーを提唱しています。

や 野外活動、無理なく楽しく

自然は、人のためだけにあるのではありません。思わぬ危険が潜んでいるかもしれないのです。知識とゆとりを持って、安全に行動するようにしましょう。

さ 採集は控えて、自然はそのままに

自然は野鳥のすみかであり、多くの生物は彼らの食べ物でもあります。あるがままを見ることで、いままで気づかなかった世界が広がります。むやみに捕ることは慎みましょう（みんなで楽しむ探鳥会では、採集禁止が普通）。

し 静かに、そーっと

野鳥など野生動物は人を恐れるものが多く、大きな音や動作を警戒します。静かにしていれば彼らを脅かさずにすみますし、小さな鳴き声や羽音など自然の音を楽しむこともできます。

い 一本道、道からはずれないで

危険を避けるため、自然を傷つけないため、田畑の所有者などそこにくらす人に迷惑をかけないためにも道をはずれないようにしましょう。

き 気をつけよう、写真、給餌、人への迷惑

撮影が、野生生物や周囲の自然に悪影響を及ぼす場合もあるので、対象の生物や周囲の環境をよく理解した上で影響がないようつとめましょう。餌を与える行為も、カラスやハトのように人の生活と軋轢が生じている生物、生態系に影響を与えている移入種、水質悪化が指摘されている場所などでは控える必要があります。また、写真撮影や給餌、観察が地元の人や周囲の人に誤解やストレスを与える場合もあるので、十分な配慮をしましょう。

も 持って帰ろう、思い出とゴミ

ゴミは家まで持ち帰って処理しましょう。ビニールやプラスチックが鳥たちを死にいたらしめることがあります。またお弁当の食べ残し等が雑食性の生物を増やすことで、自然のバランスに悪影響を与えます。責任を持ってゴミを始末することは、誰でもできる自然保護活動です。

ち 近づかないで、野鳥の巣

子育ての季節、親鳥は特に神経質になるものが多く、危険を感じたり、巣のまわりの様子が変化すると、巣を捨ててしまうことがあります。特に、巣の近くでの撮影はヒナを死にいたらしめることもあるので、野鳥の習性を熟知していない場合は避けましょう。また、巣立ったばかりのヒナは迷子のように見えますが、親鳥が潜んでいることが多いので、間違えて拾ってこないようにしましょう。

「マナーヅル」キャラクターは、フィールドマナーの認知度を向上し、さらなる普及促進をはかるため、その遵守を呼びかけ模範を示す役割を担って"マナヅル"をモチーフに誕生しました。

マナーヅル

特に気をつけよう！ 野鳥写真マナー

写真を撮ったり印刷物に掲載したりネットで公開したりする場合は、以下のマナーも守ってください。

営巣中の巣、巣にいるヒナ、巣に入ろうとする親鳥など子育ての様子の撮影は避けましょう。

餌付け、音声による誘引、ストロボなどの使用は避けましょう。

公共の場所などでは、植物の移植や剪定、土や石の移動といった環境の改変は控えましょう。

こんな点にも注意しよう！ 観察や撮影に共通する大切なマナー

国内への渡来が少ない珍しい野鳥は、生息地や渡りのルートから外れて飛来した場合が多く、弱っていることもあります。その鳥が十分に休めるように、接近し過ぎや驚かせて飛ばせてしまうような観察や撮影は避けましょう。

珍しい野鳥の観察情報をネットに発信したりマスコミなどへ提供したりする場合は、その場所に観察する人が大勢集まりトラブルになることもあるので、地域での事前相談も行うようにしましょう。

道で集団になったり三脚を並べたりすると、通行の迷惑になります。
また、駐車も近隣の迷惑にならないよう十分配慮しましょう。

近隣の方々の生活を覗くような形にならないよう、双眼鏡やカメラの向け方に注意しましょう。

探鳥会に行ってみよう

◆この本にでてきたような鳥ってほんとにいるの？
◆バードウォッチングを実際にしてみたくなった！
◆そこにいる野鳥の名前が知りたい！
◆この声はなんの鳥？

こんな時は、探鳥会に参加してみましょう。

～探鳥会は日本野鳥の会の支部が主催している
バードウォッチング・イベントです～

全国各地で、週末を中心に、年間約3,000回開催されています。年間参加者数は、なんと約7万人。ということは、毎週末60ヶ所以上で約1,000人が、日本のどこかで探鳥会に参加していることになります！そう、探鳥会は、誰でも、気軽に、バードウォッチングを楽しめる、メジャーなイベントなのです。さあ、あなたも参加してみませんか？

★「探鳥会」って何？

野鳥や自然に詳しいリーダー（案内人）が、初めての人にもわかりやすく親切にバードウォッチングのコツを伝授してくれます！野鳥だけでなく、草・木・虫など、自然にあるものを、五感すべてを使って楽しむ方法も教えてくれます。
日本各地で開催されているので、まずは、家の近くの探鳥会に参加してみましょう。今まで気づかなかった、身近な自然の魅力を再発見できるかもしれません。あるいは旅先での参加もおすすめです。楽しみが1つふえて、ますます充実した旅になるはず。

★探鳥会は、いつ・どこでやっているの？

日本野鳥の会のホームページをご覧ください。

| 日本野鳥の会　探鳥会 | 検索 |

★誰でも参加できるの？

「自然に親しみたい！」という気持ちがあれば、年齢、性別を問わず、どなたでもご参加になれます。まずは、はじめの一歩を踏み出してみましょう！

★はじめての探鳥会

はじめて探鳥会に参加するという方に、都会のオアシス「明治神宮（東京都渋谷区）」を想定した探鳥会の基本的な流れをご紹介します。

10月○日　晴れ

8時20分	早朝の人影もまばらな町を抜け、さわやかな木々の香りたつ集合場所「神宮北参道鳥居前」に、賑やかな集団を発見。ポツンとたっていると数人に優しく声をかけられ、少し安心。名前を言って受付を済ませる。（※1）
8時30分	初めての探鳥会開始！リーダーが、双眼鏡の使い方から丁寧に教えてくれる。（※2）40〜50人の参加者が、10人くらいのグループに分かれて、東京の真ん中とは思えない森の中に入っていく。リーダーの人も何でも聞ける距離にいてくれる。クスの葉のさわやかな匂いに眠かった目が覚める。
9時00分	キジバト、コゲラと遭遇。ハトやキツツキは知っていたけど、実際にこんな身近に見られるとは感激！双眼鏡のコツがつかめずに四苦八苦していると、リーダーが望遠鏡で見せてくれた。交代で見れば、コゲラの眠そうな顔としっかりとした尾羽がアップに！！
10時00分	シジュウカラ、ヤマガラ、カワラヒワ、キセキレイ、メジロ。色のバリエーションの多さにびっくり。身近な野鳥って地味な鳥ばっかり（※3）だと思っていた！
11時00分	池に到着。オシドリってこんな不思議な顔をしてる！チーーッと鳴きながらコバルトブルーのカワセミ（※4）が移動していく。やんちゃな顔つきのキンクロハジロが水中に潜っては飛び出してくる。いつまで見ていても飽きない！
11時30分	芝生広場で、アキアカネがリーダーの帽子に止まっている。みんなで芝生に座りながら、鳥合わせ（今日見た鳥や植物・昆虫などの確認）をする。オオタカを見た人もいると聞き、びっくり！！持ってきた手帳に書き込み、今日、明治神宮で18種類もの野鳥が見られたことを知る。
12時00分	お昼前に終了。いつの間にか仲良くなった隣人と（※5）、次はもっと早起きして、ミシュランの三ツ星観光地「高尾山」の探鳥会に行ってみよう、ということに。

キジバト
カワセミ 
キンクロハジロ 
ヤマガラ 

※1．探鳥会の多くは事前申込みは必要なく、当日集合場所で参加を受付けています。数百円程度の参加費がかかる場合があります。
※2．慣れないとなかなか難しい双眼鏡の使い方。探鳥会では、リーダーが丁寧にコツを教えてくれます。そのほか、わからないことは気軽にリーダーに聞いてみましょう。
※3．スズメやカラスばっかりと思っていた身近な場所でも、様々な発見があるはず。
※4．あこがれの鳥に会えるのは、探鳥会の大きな魅力！！
※5．鳥をとおして仲間が広がるのも、探鳥会の楽しみです。

◎行程は、探鳥会の基本的な流れをイメージしていただくための、モデルスケジュールです。
　集合・解散時間などは、探鳥会によって異なります。詳しくはホームページをご覧いただき、ご不明な点がありましたら下記にお問合せください。

■探鳥会についてのお問合せ先

〒141-0031 東京都品川区西五反田3-9-23 丸和ビル
日本野鳥の会 普及室 普及教育グループ
TEL：03-5436-2622／FAX：03-5436-2635
E-mail：nature@wbsj.org

入会のおさそい

日本野鳥の会は、自然と人間が共存する豊かな社会の実現を目指し、野鳥や自然のすばらしさを伝えながら、自然保護を進めている民間団体です。

1934年、中西悟堂によって「野の鳥は野に」を旗印に創設されました。私たちはその初心を大切に、会費や寄付によって支えられてさまざまな活動を行っています。

私たちの仲間になりませんか？

会員には、資格も年齢制限もありません。野鳥や自然を大切に思う方なら、どなたでも会員になれます。会員になると、野鳥や自然保護についての記事が満載の会誌「野鳥」（年10回発行）や、地域の自然情報や探鳥会情報が載った支部報が届きます（会員の種類によってお届けするものが異なります）。また、全国の協定旅館などが割引でご利用いただけます。
あなたの支援が、自然保護の大きな力になります。ぜひ本書に同封のハガキで資料をご請求ください。

■お問い合わせ先
〒141-0031　東京都品川区西五反田3-9-23 丸和ビル
日本野鳥の会 会員室
ＴＥＬ：03-5436-2630（平日10:00～17:00）
ＦＡＸ：03-5436-2636
E-mail：shiryou@wbsj.org
ＵＲＬ：https://www.wbsj.org

作者紹介
富士鷹なすび

1956年、新潟県紫雲寺町（現新発田市）生まれ。
1981年「週刊少年チャンピオン」（秋田書店）にて、ギャグまんが「タマゴたまご」でデビュー。ほのぼのギャグを中心にひとコマ、四コマ漫画にも挑戦。公園の看板（動植物の絵）を描きながら、日本野鳥の会会誌「野鳥」や「BIRDER(文一総合出版)」などに野鳥イラストや野鳥漫画を発表。日本野鳥の会会員、日本ワイルドライフアート協会会員。

原色非実用野鳥おもしろ図鑑

作　：富士鷹なすび
編集：瀬古智貫
制作：日本野鳥の会

2009年10月1日　初版第1版発行
2019年10月1日　第4刷発行
定価：本体1,900円＋税
発行：日本野鳥の会
　　　〒141-0031
　　　東京都品川区西五反田3-9-23 丸和ビル
　　　TEL：03-5436-2620
　　　TEL：03-5436-2626（販売）
ISBN 978-4-931150-46-1
印刷製本：株式会社 新藤慶昌堂
無断転載・複写複製を禁じます。